新材料技术进展与应用译丛

# 碳科学与技术

## 从能源到材料

[法] 皮埃尔·德尔哈斯 (Pierre Delhaes) 主编

申海平 等译

U0263390

中国石化出版社

著作权合同登记图字：01-2021-6406

**图书在版编目(CIP)数据**

碳科学与技术：从能源到材料／(法)皮埃尔·德尔哈斯(Pierre Delhaes)主编；申海平等译.—北京：中国石化出版社，2022.8
书名原文：Carbon Science and Technology：From Energy to Materials
ISBN 978-7-5114-6763-8

Ⅰ．①碳… Ⅱ．①皮… ②申… Ⅲ．①碳-普及读物 Ⅳ．①O613.71-49

中国版本图书馆 CIP 数据核字(2022)第 136825 号

**中国石化出版社出版发行**
地址:北京市东城区安定门外大街 58 号
邮编:100011　电话:(010)57512500
发行部电话:(010)57512575
http://www.sinopec-press.com
E-mail:press@sinopec.com
北京富泰印刷有限责任公司印刷
全国各地新华书店经销
\*
710×1000 毫米 16 开本 9.25 印张 144 千字
2022 年 11 月第 1 版　2022 年 11 月第 1 次印刷
定价:68.00 元

# 译者序

　　碳元素是构成生命有机体骨架的基础，在人类发展历史中起着不可替代的作用。第一次工业革命以后，越来越多的含碳元素的化石资源被用作人类社会活动的驱动力，并最终转化为二氧化碳进入大气层，成为全球气候变暖的主要原因之一。为了应对气候变化给人类生存带来的危机，中国制定了力争2030年前碳达峰、2060年前碳中和的"双碳"目标。利用可再生能源替代含碳化石能源已成为实现"双碳"目标的重要途径，将含碳化石资源转化为高附加值碳材料已成为石油、煤炭等化石能源高效转化利用的新方向。

　　碳是一种神奇的元素，碳原子轨道成键具有直线的 sp 杂化、平面 $sp^2$ 杂化以及四面体的 $sp^3$ 杂化三种形式，碳原子间既可以通过单键结合也可以形成稳定的双键以及三键，碳原子这种成键的多样性和连接方式使碳的同素异形体在功能上表现出巨大差异，如传统的金刚石和石墨材料被定义为最硬和最软的两种单质固体，也有最近几十年发现的富勒烯、碳纳米管、石墨烯以及碳纤维等新型碳材料在比强度、导电性、导热性等性能方面远超传统材料。本书从碳的利用和科技发展史入手，介绍了碳在自然生态界的循环圈、碳的化学反应及碳固体材料的多态性，并对碳在传统制造业铝、钢铁及半导体硅冶炼中的作用和相关化学理论进行了总结。

　　本书系统阐述了传统碳材料如石墨、金刚石、活性炭、炭黑的生产技术和应用，以及新型碳材料如碳纤维、碳纳米管、石墨烯等制备、表征、应用的最新科学发现和应用技术，对于碳材料的未来发展进行预测和展望。本书涉及碳科学技术的内容涵盖广泛、叙述深入浅出，既是一部通俗易懂的有关碳科学技术的科普图书，也是一本学术性极

I

强的新型碳材料制备、表征及应用的理论专业书。

随着近年对石墨碳、纳米碳材料性能的深入研究，其独特的导电、传热、耐温性能使其在航空航天、核能、储能行业的应用快速增长，已成为国家整体制造水平的一个重要标志。碳材料制备及应用已成为我国未来一段时间的重点研发方向。相信本书对于从事碳材料相关的科研工作者、工程技术人员以及对碳材料感兴趣的高等院校师生能够提供帮助，尽快开发世界领先的新型碳材料原创性技术。

参与本书翻译审校工作的有韩宇、贺美晋、刘自宾、王玉章、程薇。衷心感谢译者在将此书首次以中文形式呈现给广大读者过程中付出的辛勤劳动和努力，感谢中国石化出版社对译著的付梓出版。

# 前言

正如 Primo Levi 在《元素周期表》[LEV 84] 中所描述的，地球上碳原子的重要作用使其占据了独一无二的地位。碳原子可以与其他原子之间形成多种类型的化学键，也能够自身相连构建成碳骨架；碳的成键特征也是构成有机化学、生物化学和生命的基础。这种多方式键合的能力使得纯碳可以灵活形成种类繁多的固体，无论是天然的还是人造的。从史前时代起，固体碳就被人类利用了，从起初作为热源到后来的其他用途，碳的利用成为不同文明的标志。我们将参考科学技术史展示碳的科学和技术。首先与读者回顾一些常规定义。

科学，就该术语当前的意义来说，是寻求回答"为什么"这个问题的部分知识体系。相应的材料技术往往会回答"它是如何做到的"这个问题。两者结合，也称为发现和发明，是基石：科学发现是从一个实验现象或概念中得出的结论，而发明是创造机器、新设备，或一种新的制造方法的行为。前者是认知科学，后者被称为生产力，包括应用和创新，因为其创造了新的事物和活动。

对重要历史时期的回顾能帮助我们捋清这些发展历程，包括后续会用到的术语的定义。我们从 J. Ellul 关于技术进步的著作中获得了启发 [ELL 80]。

史前时期：技术活动是人类的一贯特征。对于当时的工匠来说，简单工具的开发是至关重要的，掌握火的使用无疑是这一演变过程中的关键环节。

古代时期：这个时期随着书写的发明，在希腊出现了持续的科学活动；首次区别了数学和物理技术与科学之间的差异，这些与哲学的诞生密切相关。在此期间，埃及和中国等先进文明已经在发展有其时代特征的技术应用。

中世纪晚期和文艺复兴时期：这一时期见证了阿拉伯文化引入的科学复兴，在15世纪和16世纪的欧洲，艺术和技术都繁荣发展。其中一个例子就是列奥纳多·达·芬奇作为工程师和机械发明者的生涯，他对自然现象进行了深入观察，并后续进行了实验。得益于印刷机的发明，知识传播大幅增多，在这个时期起到了非常关键的作用。

第一次工业革命：在18世纪晚期和19世纪初期，奠定物理科学基础的发现和科学试验的诞生，引发了第一次工业革命。工业的快速发展开辟了机械时代，机械的结合开创了连续且复杂的"技术"体系。

现代时期：从20世纪开始，科学发现和技术发明之间的互补性激增，两者的重叠越来越紧密。这就是B. Bensaude-Vincent[BEN 09]所描述的技术科学，知识社会及其经济紧密地融合在一起，并成为社会的主要基础和经济的驱动力；创新成为了这个时期的关键词。

对相继出现的这些历史时期的简要概述表明，科学技术史依赖于知识的传播手段。古代书写的发展，文艺复兴时期印刷机的发明，以及20世纪末的数字革命，都是关键事件。这使得欧洲出现了工业和商业保护，同时也出现了科学书籍和文章。随着15世纪商业保护在威尼斯得到认可，以及在伦敦和巴黎通过专利证书授予垄断地位，信息传播成为一种普遍的现象。这些是发明专利的前身。在18世纪初，欧洲和美国先后将发明专利进行标准化，随后，成立了专利申请局。第一批总结基础研究成果的科学期刊也随后出现了。此类科学出版物最早出现于1665年的英国和法国，分别出版了《皇家学会哲学学报(The Philosophical Transactions of the Royal Society)》和《学者新闻(Le journal des savants)》。在这一时期，学者们聚集起来，成立了英国皇家学会和法国科学院，表明了社会对科学出版物的认可。D. Diderot 和 J. Le Rond D'Alembert(1751—1771)出版的百科全书——一本关于艺术和工艺科学的有序词典——见证了全球技术的发展对全球经济和社会进化的影响越来越大。在过去的两个世纪里，科学出版物的指数级增长是知识增长的证明。最后，最近的知识产权法制观念在不断演变的工商业背景下已成为现代社会的一个主要元素。

有关碳元素的技术发展起源于古代，随后持续发展到超现代材料的诞生。碳材料的发展或许可以称为教科书一般的案例。过去两个世纪以来，科学技术的爆发式增长可能会出现发现优先权的问题，以及其对发明的影响和持久性的问题。当然，我们从近期诺贝尔化学奖和诺贝尔物理学奖的获得情况就能很明显地看到发现优先权，比如1961年W. F. Libby因$C^{14}$同位素测年法而获奖，1996年R. F. Curl、R. E. Smalley和H. W. Kroto因发现富勒烯而获奖，2010年A. Geim和K. S. Novolesov因发现石墨烯而获奖。这些案例使我们生活中出现了具有新奇功能的各种各样的新型碳材料，引发了新的创新，并且由于技术创新越来越快，带来了发明生命周期的问题。为了解决这个问题，我们主要选择了碳材料应用广泛的化学和物理领域，依据大致时间先后顺序排列。第1章介绍了自然状态下的煤，作为能源资源使用以及将其转化为工业产品的用途。第一阶段将首先在炼金术的历史背景下进行讨论，然后在建立现代化学体系的背景下进行讨论。

第2章将会介绍当前各种类型碳的相关知识。碳元素具有种类最多可以确认的固体形态(大概有6种，包括石墨、金刚石和新的分子形式[DEL 09])。后续的章节中，我们的介绍将会基于现代科学知识。在这种情况下，请注意，不会给出早期原始的出版物，而是用那些方便读者查阅的书籍、文章和期刊作为大多数参考文献的入口。为了方便读者更好地理解本书，多频使用的化学术语将基于国际规范(IUPAC)，列举在词汇表中。一些重要的化学表达方式将采用其最新含义，与维基百科和大英百科等数字百科全书相一致。

第3章到第5章将从天然碳作为化石能源资源的传统用途和碳化学基础转到日益复杂的碳材料。其中会提及与天然碳相关的在热力学方面抽象且多变的能量概念。接下来，第6章将会介绍碳在冶金行业的重要作用，碳作还原剂用于生产金属和半导体。这些碳材料耐火难熔，具有如黑瓷和白瓷一样的热化学稳定性。

随后更接近现代的进展主要涉及碳材料更加微细的固体状态，趋向更具分子属性的新相态。这些进展包括添加在传统材料中的炭黑，以及主要用于治理污染的更有技术含量的活性炭。复合材料及其衍生物中经常使用的碳长丝、碳纤维和碳纳米管材料，以及与之相关的新发现的物态和纳米技术将会在第7章和第8章进行介绍。第9章将会总结这些材料作为主要能源资源以及应用于不同行业部门的各种材料对经济的贡献。

  碳固体先是用作转化材料，随后用于结构或功能材料，本书将会展示这一代又一代的碳材料是如何对经济和社会演变起到越来越多的作用和影响的。C. Levi-Strauss[LEV 52]在关于民族学的表述中，提出在某一方向上连续发明的随机性和累积性，用以解释连续的文化转变。从这个角度，我们提供了一种技术和经济方面的考量。这些转变导致了我们在回顾历史全景中提到的关键时期——新石器时代，然后是工业革命，最后是当代的数字化革命。在这些时期中，碳一直扮演着无处不在且重要的角色。

## 参 考 文 献

[BEN 09] B. BENSAUDE-VINCENT, "Le vertige de la technoscience. Façonner le monde atome par atome", La Découverte, Science and Society collection, 2009.

[DEL 09] P. DELHAES, Solides et matériaux carbonés, Hermès-Lavoisier, Paris, 2009.

[ELL 80] J. ELLUL, "La technique ou l'enjeu du siècle", Economica, Paris, 1980.

[LEV 84] P. LEVI, "The periodic table", Schocke, Books Ed., New York, 1984.

[LEV 52] C. LEVI-STRAUSS, Race et histoire, Unesco, 1952.

# 化学词汇表

这些定义在当前碳的化学物理方面使用广泛，并且它们属于现代化学表达方法。我们选择它们作为实用词汇而不是语义词汇。

为此，我们使用国际准则 IUPAC 文本中的碳材料定义❶。

活性炭：一种多孔碳材料，通过碳化作用和表面处理获得巨大可控的内表面，以提高其选择性吸附的性能。

吸附：依据不同的相互作用机理(通常分为物理吸附和化学吸附)，一种液体或者气体成分结合在固体表面。

同素异形体：由单一化学元素形成不同晶型，且呈现不同特性的物质。

无烟煤：碳含量最高或矿化度最高的一种天然沉积炭，通常碳含量能够达到95%以上。

灰分：天然炭燃烧之后的无机残留物，通常包含含钙杂质。

沥青质：分别从煤和石油中获得的焦油和沥青蒸馏后产生的芳香残留物的重组分。

基本结构单元(BSU)：两个或三个小的芳香分子堆积在一起形成的基本构件，尺寸在纳米范围内或接近纳米范围。

黏合剂：含碳产品，如沥青或热固性树脂，添加后通过机械和热处理以使不同的颗粒黏聚。

沥青(Bitumens)：矿物油或者重质石油通过高温分离获得的天然产物，与 Asphalts 含义相同。

碳化学：为特定用途通过热化学过程对天然碳或其衍生物的选择

---

❶参考 Pure and Applied Chemistry(《纯化学和应用化学》)67 卷，473-506，1995，网站"IUPAC gold book"，具体网址为 http://goldbook.iupac.org/。

性转化。

炭黑：通过不完全燃烧或者可控热解产生的球状胶体粒子；产生于气态中的成核步骤，粒径范围从纳米到微米。

碳纤维：天然的或合成的凝聚态前驱体经过热处理形成的连续圆形长丝。

碳化：有机前驱体逐渐转化为纯碳的一系列物理–化学热过程；通常可以分为一次碳化和二次碳化。

卡拜：构成聚合物链或亚稳态固体的双配位碳原子。

铸铁：一种由铁和碳组成的合金，碳的质量分数超过 2.1%，通常也含有别的杂质，如硅。

陶瓷：通过加热及后续冷却结晶获得的一种无机化合物，具有热稳定性或难熔特性。

炭：来源于天然有机化合物（木炭），碳含量超过 50% 的一种固体的习惯术语。

化学气相沉积（CVD）：有机前驱体热分解，之后在热表面上形成大量固体碳沉积的过程。

煤：天然煤炭中最常见的一种，源自植物的化石沉积，碳含量 75%~95%。

焦炭：天然炭通过热解和一次碳化获得的固态残留物。经过 500℃ 左右的热处理之后，所得脆性固体称为原焦或生焦，超过 1000℃ 则为熟焦（例如，冶金焦）。

胶体：粒径为数纳米的非常微小的悬浮颗粒，分散在外观呈现均相的连续介质中。

复合材料：由至少两种不同的物相构成的固体材料，一种提供机械增强，另一种作为填充基质；复合材料展现的最终性能不是两相性能的简单相加。

配位数：与中心原子以共价键相连的直接相邻原子个数。配位数与量子化学中的杂化理论有关。

金刚石（钻石）：碳原子以四配位形成的固态物质，呈现面心立方结构，或者六方结构[这种结构称为朗斯代尔石（Lonsladeite）]，在室温和常压下为亚稳态。

弹性：物体在外力作用下发生可逆形变的连续力学行为。在线性弹性范围内，弹性限度较弱，形变长度(应变)和外力成正比。

能量：以多种不同形式存在的基本物理量。能量从热力学原理上定义为一个强度变量和一个广延变量的乘积。

焓：焓是表征一个热力学系统总能量的参数。焓变是相变或化学反应相关的放热或吸热量(分别为负值或正值)。

燃料：生物沉积而形成的化石产物，如天然气、石油和各种炭(也用于合成产品)。

富勒烯：结构像闭合笼子一样的碳分子，由偶数个六边形和12个孤立的五边形组成。第一个亚稳态的富勒烯是二十面体$C_{60}$。

玻璃碳：由各种热固性聚合物(如酚醛树脂或糠醛树脂)在固体状态下进行可控碳化而获得的非石墨化的碳材料，其具有类似于玻璃一样的外观，以及对气液的低渗透性。

石墨烯：由三配位碳原子组成的单一原子层，形成多芳环六方网络，通常大小有限，也称为石墨烯带。

石墨：由石墨烯层平行排列有序堆积而成，其有两种同素异形的结构，一种是以两种不同排布交替构成热力学稳定的六方相，另一种是以三种相同排布重复构成亚稳定的菱方相。

石墨化：经2000℃以上高温处理的固态转化过程，可以形成六方相石墨的3D周期性结构。

温室气体：能够吸收地球表面发射的红外日光辐射的一系列气体，导致低层大气温度升高，以及气候变化。

杂原子：除了碳原子以外的其他元素，可以通过逐步加热方式除去杂原子；主要是氢原子、氮原子、氧原子和硫原子，含有哪些杂原子取决于天然物或人造物前驱体的来源。

高温处理(HTT)：是有机化合物承受的最高处理温度；用来描述碳化和石墨化过程的基本参数。

杂化轨道：基于原子轨道线性结合的量子效应，来使价电子成键。

插层：由多种化学物质引发的一种机理，其可以打开两个石墨烯层之间的空隙形成一种离子型插层化合物。离开这个空隙的相反过程称为剥离。

干酪根：在矿物岩石中发现的一系列分散的有机残留物。

褐煤：在沉积第二阶段中植物的化石遗体，介于泥煤和煤炭之间，碳含量为65%~75%，主要来源于木质素。

局部分子有序(LMO)：基本结构单元的微结构组织，造成各向异性。

煤显微成分：不同天然炭和煤炭之间主要可区别成分，取决于植物来源和沉积程度。

材料：一种固相或液相的构成要素，具有一定的形状和特定的表面功能，使其能够与环境发生联系。

中间相(碳质)：一种液晶型流体相，由盘状的多芳环平面分子组成，具有取向性。

微观结构：描述固体的结构组织长度特征，通常尺度基于对称元素且大于结晶结构单元。

纳米碳：是对三或四配位原子构成的纳米尺度碳材料的通用术语，其中包括纳米线、纳米金刚石等，但是不同于由于多孔性而具有大的可用表面的纳米结构碳材料。

纳米管(单壁和多壁)：石墨烯带通过卷曲和闭合形成单壁碳纳米管，端头可以是开放或闭合状态；同轴叠加多层可以形成多壁碳纳米管，可以呈现几种不同的结构但是会始终保留轴向空洞。

天然膨胀石墨：通过化学工艺插层-剥离石墨而获得的人造物，可以用来制备寡层石墨烯。

油：从煤、石油或者油页岩中通过蒸馏产生的芳香类液体。

泥煤：在植被不完全腐烂的碳化第一阶段形成的，碳含量仅约55%。

渗流理论：使我们能够描述非均匀随机介质特性的数学理论，用以模拟它们的传递和动力特性。

石油：产自原油的天然液体，由液态碳氢化合物构成的复杂混合物，其组成与地质成因密切相关。

沥青(Pitch)：从焦油中蒸馏得到的室温下呈固态的芳香类残渣，其软化温度范围较宽，取决于其化学成分。

相：在热力学意义上，相是一个原子群或分子群的集合，填充在一定宏观体积的空间里，可以用热力学相图进行定义。

等离子体：一部分原子或者分子离子化的近似气态的物质，是由带电颗粒、离子和电子，以及激发的中性原子或分子构成的非稳定态。

多晶或多颗粒石墨：由不同大小(粗或细粒度)的微晶粉末随机分布并用黏结剂聚集在一起而形成的具有宏观各向同性行为的人工制品。

同质多晶：一种化学成分呈现不同晶型和相关形貌的性质。

多孔性：固体中存在的内表面形成孔，通常用孔的大小、形状和连通性(开放孔和闭合孔)进行描述。

热解碳(PyC)和热解石墨：在块状或者多孔基底上经过化学气相沉积得到的固体碳材料，呈现出或多或少的石墨化片状微观结构。进而在单轴向压力下对可石墨化的热解碳进行高达3000℃的热处理，会产生称为热解石墨的准晶体。

热裂解：在惰性可控气氛下加热有机物质导致其发生的化学分解反应(或热化学过程)。

树脂(α、β、γ)：用选择性有机溶剂相继分离出的给定沥青的不同化学组分。

施瓦苯(Schwarzenes)：三配位碳原子的无限三周期结构，根据循环大小产生凹或凸曲面；没有实验证明的强亚稳态。

钢：铁与其他元素形成的合金，尤其含有0.2%~2.1%(质量分数)的碳元素。

黏度：这是流体在受力下变形时的阻力的量度(有不同种类的黏度)。对流动物质的研究叫作流变学，它涉及不同力学约束下的变形和流动状态。

挥发性有机化合物(VOC)：除甲烷外，在标准温度和压力下是气体或蒸气的任何有机分子。

# 目录

I

# 第1章 从化学元素到固体

我们将用历史研究法来研究化学历史的概念脉络[VEN 93]。在本章节的第一部分，我们将在生物循环背景下讨论天然碳固体，以表明作为科学历史的一部分，许多用途的根源在文明开端就基于经验而发展起来了。现代化学的诞生使我们能够明确并进一步定义碳元素。碳作为固态单质的主要种类将在本章的第二部分介绍。最后，对几种类型的天然和人造碳固体的总体介绍将为以后的章节提供一个大致的大纲。

## 1.1 地球上的碳

起源于宇宙的碳元素，产生于恒星内部的核聚变，出现在太阳形成之后。我们知道，三个氦原子聚变可以形成碳原子（同素异形体的存在将会在第 2 章进行讨论）。自从 50 亿年前地球诞生以来，地球上产自星际的碳数量几乎就没变。碳元素并不是出现频率最高的元素之一，但是碳占据了一个非常独特的地位。数世纪以来，一个碳原子能够存在于一个生物体中，或者如二氧化碳或其他更复杂的分子中，或者沉积于地下成为化石碳，就这样贯穿于我们所说的碳循环。碳的分布经历了地质年代的演变。随着生命的起源和光合作用，碳参与到植物的形成中，主要在石炭纪（发生在约 3 亿年前的古生代时期），随后沉积以化石的形式储存起来。碳可以气态或液态的形式存在于二氧化碳、烷烃、碳酸氢盐类化合物中，以及产自生物有机合成的众多分子中。

通过研究目前已确立的全球碳循环，可以创建出各种各样的平衡表[KUM 99]。如图 1.1 所示，碳的分布来自地球表面的四个部分的物质流动：大气圈、生物圈、水圈和岩石圈。为了方便理解，我们必须区分有机碳和无机碳，它们分别具有短周期和长周期，持续时间差异很大。短周期碳的交换较快，涉及大气圈、生物圈和地表水圈，原子停留的时间以年计算。

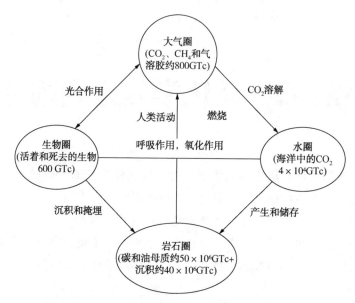

图 1.1　全球碳循环的示意图

（改编于 L. R. Kump、J. F. Kasting 和 R. G. Crane[KUM 99]）

GTc 代表 $10^9$t 碳当量

正是在这个范围内，动物和人类的活动会排放出温室气体，尤其是二氧化碳、甲烷和含碳元素的气溶胶。据估计，一方面，目前每年排放的温室气体约有 $(80\sim100)\times10^8$t，对大气和气候会产生不可避免的影响。另一方面，岩石圈和深海区域涉及长周期碳，原子停留时间以地质年代数量级的数百万年计算。这使得蕴藏丰富的碳储量可以分为基本相当的两部分：石灰岩中的碳酸盐和源自多种有机物的碳。我们主要关注于产自与光合作用有关的生物循环并聚集于沉积岩中的植物残体，即干酪根。这种分散物质的小部分一方面可以形成母岩或油藏中气、矿物油和石油的前驱体，另一方面可以形成化石碳。

烃类的形成是一个漫长且复杂的过程，微生物进行生物降解产生天然气，随后产生储存在母岩中的油和沥青。在地温梯度的影响下，产生了大量的固体残体和所谓不同等级的化石碳。这些成分仅仅是所有捕获的碳的一小部分，但它们是化石能源的重要来源（见图 1.1）。因此，所有的含碳产品都是来源于生物碳，逐步经历生物体的掩埋、有氧发酵以及随后的厌氧转化。在地温梯度的影响下，生物体逐渐富集碳，最终形成矿物煤。按照 1837 年 V. Regnault 最早期的著作，根据起源和碳含量，可以将矿物煤分成不同的等级。

干酪根和天然煤一般通过元素分析进行分类。这种区分方法是由范克雷维伦

(D. W. Van Krevelen)创建的，由于氢和氧是主要的杂元素，因此他使用 H/C 原子比和 O/C 原子比关系构建了演变示意图。依据有机残体的起源，将干酪根分成三种主要类型(见图 1.2)：

① 类型 I 的干酪根最富含氢元素，源于淡水或淡海水中的浮游生物；

② 类型 II 的干酪根来源于海洋生物体，具有较高的 H/C 原子比和较高的 O/C 原子比；

③ 类型 III 的干酪根来源于陆地植物，氢元素含量低但富含氧元素。

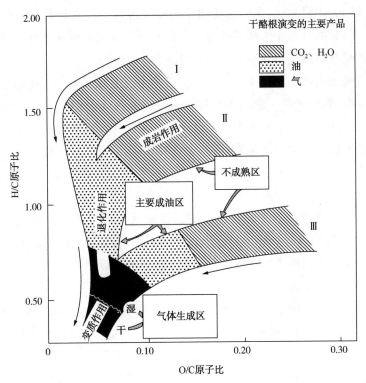

图 1.2 "范克雷维纶图"(Van Krevelen)[VAN 61]图中文字表明生成天然碳的不同种类的干酪根，以及经过成岩作用、退化作用和变质作用等三个主要生物化学演变阶段生成的主要产品

在这些分子降解的过程中，有两个具有代表性的发展阶段：成岩作用——释放出大部分氧，并脱除二氧化碳和水；随后是称为退化作用的成熟阶段——释放出氢并形成多环芳烃组分。深层掩埋的聚集体在所有情况下都会形成碳元素逐渐富集的固体碳；依据碳含量由低到高，我们分出下列主要类别：泥煤、褐煤、烟煤和无烟煤，碳含量从50%递增到90%以上，并且热值也逐渐升高。矿石在高温

和高压的作用下也会发生彻底的转变，在最深和最古老的岩石中形成纯晶相结构，如石墨、金刚石。

## 1.2　碳化学简史

现在，我们将依据本索德-文森特（B. Bensaude-Vincent）和斯滕格（I. Stengers）[BEN 93]的分析简要介绍化学史的四大主要发展阶段，这与前言中介绍的历史发展阶段是一致的。这个方法将作为一个理论框架，用来对基于现代化学的理论概念产生的后续贡献进行观察、定义和分类。

古代，公元前6世纪至4世纪之间，希腊出现了如何表述万物的组成及其转化的哲学问题[BAU 04]。恩培多克勒（Empedocles）综合前人看法，形成水、空气、土、火四元素的基本物质组成学说。柏拉图将四元素形象化，用几何观点认为由四元素构成的正多面体是构建起原始物质的基础。随后，亚里士多德提出了更为实体化的概念，作为其自然哲学的一部分，认为物质的基本特性是热、冷、湿和干。化学家和历史学家贝特洛（M. Berthelot）指出[BER 75]，这个概念说的是性能，而不是物质；如果成分未知的话，那就用特性进行分类。正如波德特（J. Baudet）所说的那样[BAU 04]，值得注意的是，在同一时期，出现了越来越多关于非连续物质的原子论观点，尤其是德谟克利特提出的，但是这些观点直到多年以后才被重新提起。

在中世纪，阿拉伯学者使用希腊的文化资源来深入研究炼金术（al-kimya），通过试验的方法，在实验室中观察到这种转变。在公元8世纪到10世纪之间，贾比尔·伊本·哈扬（Jabir ibn Hayyan，拉丁名格伯 Geber）和他的后继者们开发了与天然物质的融合和蒸馏操作有关的仪器和实验技术[BRI 99]。由此产生了一种依据来源进行物质分类的方法——矿物、植物或者动物，并且产生了一种对人造化合物进行分类的新方法，这些化合物产自逐步规范的操作方法。阿拉伯炼金术传到欧洲后，极受推崇，从13世纪培根（Bacon）的工作开始，一直延续到300年后的帕拉塞尔苏斯（Paracelsus），最为关注的是关于金属特性及其转化的研究，包括对"点金石"转变为金子的研究[BER 75]。

欧洲现代科学开始于17世纪伽利略、波义耳和牛顿的工作，由此导致在下一个世纪化学诞生。18世纪80年代是一个重要时期，拉瓦锡（Antoine-Laurent de Lavoisier）发现了空气和氧气在烃类燃烧中的作用，比普利斯特里（Priestly）和舍勒(Scheele)稍早一点。在那个时期，烃类化合物的燃烧被应用于城市的道路照明中[AUT 00]。

大多数科学历史学家都认为，对单质的定义和拉瓦锡在1789年出版的《化学概要》标志着现代化学的诞生。单质又发展为元素，后来又发展为原子。现代化学以一种新的规则呈现，并以现代发现为基础[LAV 89]。图1.3展示的是拉瓦锡出版的著作中单质表的复印版，其中，在当时已确认的20种单质中，与碳(Carbone)相对应的是纯碳(Charbon pur.)。这些元素是一个世纪以来的研究成果，而这些著作促进了元素的周期性分类。最终，德米特里·门捷列夫(Dmitri Mendeleev)凭借敏锐的直觉发明了元素周期表[BEN 84]。值得注意的是，在图1.3中，"热量"

| | *Noms nouveaux.* | *Noms anciens correſpondans.* |
|---|---|---|
| *Subſtances ſimples qui appartiennent aux trois règnes & qu'on peut regarder comme les élémens des corps.* | Lumière | Lumière. |
| | Calorique | Chaleur.<br>Principe de la chaleur.<br>Fluide igné.<br>Feu.<br>Matière du feu & de la chaleur. |
| | Oxygène | Air déphlogiſtiqué.<br>Air empiréal.<br>Air vital.<br>Baſe de l'air vital. |
| | Azote | Gaz phlogiſtiqué.<br>Mofete.<br>Baſe de la mofete. |
| | Hydrogène | Gaz inflammable.<br>Baſe du gaz inflammable. |
| *Subſtances ſimples non métalliques oxidables & acidifiables.* | Soufre | Soufre. |
| | Phoſphore | Phoſphore. |
| | Carbone | Charbon pur. |
| | Radical muriatique. | Inconnu. |
| | Radical fluorique | Inconnu. |
| | Radical boracique | Inconnu. |
| *Subſtances ſimples métalliques oxidables & acidifiables.* | Antimoine | Antimoine. |
| | Argent | Argent. |
| | Arſenic | Arſenic. |
| | Biſmuth | Biſmuth. |
| | Cobolt | Cobolt. |
| | Cuivre | Cuivre. |
| | Etain | Etain. |
| | Fer | Fer. |
| | Manganèſe | Manganèſe. |
| | Mercure | Mercure. |
| | Molybdène | Molybdène. |
| | Nickel | Nickel. |
| | Or | Or. |
| | Platine | Platine. |
| | Plomb | Plomb. |
| | Tungſtène | Tungſtène. |
| | Zinc | Zinc. |
| *Subſtances ſimples ſalifiables terreuſes.* | Chaux | Terre calcaire, chaux. |
| | Magnéſie | Magnéſie, baſe du ſel d'Epſom. |
| | Baryte | Barote, terre peſante. |
| | Alumine | Argile, terre de l'alun, baſe de l'alun. |
| | Silice | Terre ſiliceuſe, terre vitrifiable. |

图1.3　在拉瓦锡《Traité élémentaire de chimie》(《化学概要》)著作中的单质表的复印版[LAV 89]

（Calorique）一词的出现标志着对当时认知的颠覆。事实上，研究燃烧的施塔尔（Stahl）提出了燃素学说，或者叫"火的要素"，火是希腊人曾经提出的组成物质的四个基本元素之一。对于燃烧的理解促使拉瓦锡推翻了燃素学说，取而代之的是与光相伴释放的热量。后来，卡诺（S. Carnot）创建的热力学以及其1824年发布的《关于火的动力及产生这种动力的正确方法的见解》著作将"热"的概念推广至"能"。

在19世纪早期，物质守恒定律和相关原子结构归属的研究打开了化学反应分析的大门。特别是道尔顿（Dalton）[DAL 08]开创了用原子量来作为体系的衡量手段，使得化学反应分析方法变得更为微观。19世纪，有机化学因原子与分子之间的区分而引发了人们极大的兴趣。如同贝特洛（M. Berthelot）所说的"化学创造了自己独有的对象（chemistry creates its own object）"，许多不同于天然物质的人造产品被创造出来。

最后，在20世纪初期，随着原子中基本粒子的发现——电子，以及组成原子核的中子和质子，原子学说得以更加深入地发展。原子学说作为量子力学的一部分应用于化学键的形成，在现在仍然被认为是探索物质最基本组成的行之有效的最新范式。

在过去25个世纪里，所有的进步都被各个阶段的符号或文字的演变所记录下来，见证着从宏观的基于现象的方法逐渐转向更为微观的模型[LAU 01]。我们从炼金术的各种标志，发展到现在用专业术语和语言表征单质和化合物元素，以及其化学反应。

在此大背景下，我们将对碳有关的标志性事件进行概述，从史前和古代时期一直到工业化时期的现代化学发展。这些与碳有关的技术简史将会指引我们接下来分析的主要研究和应用领域。

我们将概述中的发现和发明分成三个主要方面：史前到古代时期的意外和匿名的发现；各种碳及其前驱体的开采；以胶体微粒形式呈分散状态的各种碳的具体用途。

## 1.2.1 第一发现：火、热和金属

使用并控制火是人类发展历史中非常重要的发现[PER 75]。史前人类掌握烹饪食物的技巧，对于他们的生存是非常有利的——木材在灶炉中燃烧，释放的热量加热食物，并且还产生黑色的残留物，比如木炭。这种煤炭被用作颜料，并与其他有色矿物一起在法国的史前洞穴中创造了第一批壁画，比如3万多年前的肖维洞穴（Chauvet），以及1.8万年前的拉斯科洞窟（Lascaux）。第二大发现，用

现在知识来表述，就是将煤作为矿物的还原剂来获得金属。根据矿物学的研究，金和铜是相对稀有的天然金属，在使用这些天然金属之后，出现了两大技术革命，而其中碳都发挥了重要的作用。

铜是最先使用的金属，随后是铜合金，比如青铜，发现在中东地区约公元前4000年就使用了青铜[KNA 74]。当时，人类已经意外发现，可以在炉子中熔化的一些矿物中将铜提取出来，随后被大规模使用。埃及人设计了可以达到800~1000℃高温的炉子，能够使用木炭来还原氧化铜(赤铜矿、孔雀石、蓝铜矿)，随后将金属或者合金倒入模具(见图1.4)。在青铜器时代，有几个地方或多或少地独立出现了一种比铜的强度更高的含锡的合金。考古学家发现这种冶金术几乎同时在亚洲的印度河流域和中国地区发展起来，伴随着陶器的发展而到达技术的巅峰[KNA 74]。随后，该技术的巅峰代表作品是公元8世纪所筑的位于日本奈良(日本古代时期的首都)高15m的佛像。

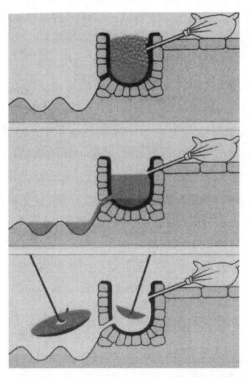

图1.4　还原铜矿的古老冶炼炉的示意图，展示了冶炼这一过程的三个阶段：带有羊皮制风箱的石制炉体，炉体内壁覆盖着含有孔雀石和木炭混合物的黏土。当温度超过1000℃时，铜熔化，与脉石相分离，然后流入模具中。当炼炉冷却后，可以从熔炉底部将变硬的铜块取出(引自P. Knauth[KNA 74])

后来，铁的使用得益于技术革命，因为铁的锻造需要更高的超过1000℃的温度，并且需要有相适应的工具。天然的纯铁是非常稀少的，因此含有氧化铁的铁矿石必须被碳还原，此外还要避免与碳形成碳化铁，这使得难度增加。锻造炉技术的发展使之可以获得生铁和钢，这两者都是铁-碳合金。冶铁的精细技术似乎已经在公元前13世纪被赫梯人（Hittites）做到了极致；然而，大约在同一时期，中国人已经发明了这种冶金技术。这一发现使得公元前1000年出现了铁器时代。毫无疑问，锻造炉技术进步贯穿了几个世纪，在实际应用中进行完善和发展，并在古代时期持续推进，尤其是希腊以及随后的中世纪。锻造炉技术对于文明的发展来说是非常重要的，可以应用于从农具到武器的各种领域，并且借助于经验进行传播和推广。随后，该技术被阿拉伯炼金术士们所应用，一本在公元9世纪所写的关于各种铁剑的书就体现了这一点[BRI 99]。例如，通过回火和锤击来制造用于军事用途的硬钢，以大马士革锻钢刀而闻名[VER 01]。锻造工艺代代流传成为传统，比如用含铁矿石和木炭制得铁的卡塔兰技术（Catalan）。

## 1.2.2　开采资源的利用

史前人类能够使用火之后，便开始拓展火的用途，比如前面提到的冶金，此外，他们还寻找新的燃料资源。在旧石器时代，第一次从地表开采出煤炭和石油[PER 75]。有记载的最古老的资源利用无疑是圣经中所记载的，一是中东地区使用沥青，作为挪亚方舟的防水材料以从洪水中拯救动物（圣经《创世纪》6，第14节）；二是从尼罗河上漂流的一个芦苇篮子中发现摩西的故事（圣经《出埃及记》2，第3节），以及提到的金刚石等各种宝石（（圣经《创世纪》28，第18节）。

煤矿的开采开始于古代时期的欧洲（例如高卢）以及中国（Chengi煤矿），在很久之后马可波罗在其游记中也有所记载[VAN 61]。早在中世纪就发展了深层开采技术，使得化石资源得以利用，而在17世纪开始的欧洲工业革命期间，对化石资源的利用越来越普遍。

在同一时期，天然石墨和金刚石，也从矿区中开采出来。在西方，第一座明确公认的石墨矿是在英格兰的索斯韦特山谷矿场，在16世纪的一场暴风雨后被牧羊人发现。石墨称为"Graphite"，来源于希腊词语"Graphain"，意思是"用来写字"。石墨起初用来标记羊群。事实上，石墨的主要用途开始于17世纪，利用其柔软、润滑性能；石墨碎屑与二氧化硅混合后用来制备木制铅笔的笔芯[NEW 50]。目前，天然石墨存在于全球各地，最大的石墨开采矿床位于斯里兰卡、马达加斯加和加拿大。

在古代时期，正如老普林尼(Pliny)在其丰碑巨作《自然史》中提到的，人们认为石墨是黑色铅的一种，将石墨称为"Plombagine(法语，白花丹素)"，并且将其与同样为黑色且作为润滑剂的辉钼矿(Molybdenite)相混淆。一直到17世纪末，舍勒(C. W. Scheele)证明了石墨是纯碳，随后，拉瓦锡在其单质表中将石墨定义为碳单质(见图1.3)。

金刚石早在很久之前就因其极强的硬度而被熟知，它的名称来源于希腊词语"Adamas"，意思是"不可战胜的"。除了在圣经中提到过的金刚石，最久远的记录是来源于在印度发现的梵文手稿，它可以追溯到公元前4世纪。即使在那时，金刚石也被认为是一种宝石，其光泽和硬度使它成为一件极具价值的物品。戈尔康达(Golconda)的巨大矿山在我们这个时代之前就已经运营了3000年，为王冠所有者提供珠宝[SHI 02]。

金刚石似乎是随亚历山大大帝远征之后被引入欧洲的，然后是罗马人。在金矿开采时期，18世纪在巴西发现了金刚石晶体，19世纪在南非的金伯利地区发现了大量的金刚石晶体[NEW 50]。根据地质证据，金刚石矿存在于岩石圈的古老大陆地壳中，因为它们在温度和压力足够的地下深处形成，然后由于岩浆和火山爆发而迅速上升到地表[HAG 99]。目前，南非是世界上最大的金刚石开采生产国，还有中非、澳大利亚、加拿大和西伯利亚。金刚石的地质和地理来源是通过其外观，特别是颜色来识别的，因为它们含有杂质，如氮或其他杂质。珠宝切割会影响金刚石的这些特点，也赋予金刚石象征意义和商业价值[SHI 02]。

在肯迪(Al Kindi)关于各种金刚石品种的书中提到，中世纪已经开始研究金刚石的化学性质[BRI 99]，但直到17世纪晚期，随着化学的诞生，金刚石才被认为是碳元素。经过各种燃烧尝试后，1772年拉瓦锡在一个大型塞弗尔(Sevres)瓷炉中燃烧了金刚石，这项实验是为了验证空气在燃烧过程中的作用。这项实验通过一个巨大的透镜聚集太阳光，从而建立一个太阳能烤炉，因此这个实验又称为"燃烧玻璃"实验。随后的几个实验，特别是泰能(S. Tennant)和戴维(H. Davy)的实验证明，燃烧是一种氧化作用[NEW 50]；他们证明了煤炭、石墨和金刚石燃烧释放的二氧化碳的量是相同的，因此它们是同一种化学元素。

## 1.2.3 分散碳的用途

古代时期的伟大文明使粉状碳的各种用途得以发展。根据公元前16世纪文蒲草纸文献的记载，埃及人使用植物木炭作为胃病的一种解药和治疗方法[BER 75]；利用木炭的吸附能力也可以过滤和净化水。烟灰或煤烟灰以及动物炭用来制作化妆品(比如眼影)，还可以用来刺青。

在分散碳的药用方面，在希波克拉底(Hippocrates)的医药论述和老普林尼(Pliny)的丰碑巨作《自然史》中写到，木质炭可用于治疗一些疾病[DER 95]。公元 2 世纪，盖伦(Galen)记载了其在医药方面的用途，描述了包含动物炭和植物炭的药物。这个概述表明在技术进展的过程中，随着天然产品用于治疗，炼金术与药剂学开始结合起来。

中国人的创新性在将碳颗粒应用于中国墨水和火药等特定物质中得到体现[TEM 00]。这种墨水，因其黑色和光亮的颜色而受到赞赏，是一种胶体的水悬浮液，早在公元前 2500 年前就已经为人所知，对书法和书写的发展至关重要。

根据炼金术的传说，道士们发明了火药，并在公元 9 世纪记录了火药配方：硝石或硝酸钾、硫黄和木炭。最初火药用于烟花，在公元 11 世纪，首次用于军事用途。随后，火药被应用于步枪、大炮和炸药的发明。这些应用传到了中东，随后传入欧洲，彻底改变了战争的形式。所有这些用途都源于与使用细小的动物或植物碳颗粒(如煤灰或蒸馏残渣)有关的经验知识，这些碳材料在化学的理性发展中作用日益突出，并且现在被称为"炭黑"和"活性炭"[DER 95]。

# 1.3 碳固体简介

为了呈现天然的或部分人造的碳固体的全貌，我们必须再借助于全球碳循环图(见图 1.1)，以及自然界的光合作用过程。光合作用是一种生物过程，植物、藻类和细菌内的活细胞可以将太阳能收集起来以提供自身的能量需要。叶绿素获取太阳光的能量，并借助于酶催化过程，使用水和二氧化碳("生命的基本原料"[BEN 93])，产生氧气和糖基类碳水化合物[RUT 04]。目前，正在利用各种微藻来研究这个非凡又非常复杂的反应机理。光合作用的机理示意图见图 1.5。

碳水化合物的分解通过生物过程(发酵和呼吸作用)以及人类活动(燃烧)完成的主要逆过程也都在图 1.5 中展示出来。我们主要关注点在于天然产物通过热解，即 500℃ 以下的可控热分解，或者不完全燃烧形成煤灰来获得或多或少的纯碳。我们将会把这种形成碳的方法与地质学中观察到的化石煤的形成方法相比较，其价值是符合逻辑的结果。这些带领我们进入了碳化学，碳化学主要是关于煤及其衍生物的转化的。煤及其衍生物作为化石燃料的第一用途将会在第 3 章介绍。

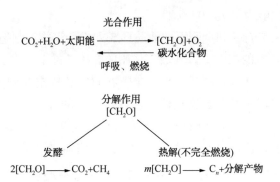

图 1.5　光合作用产生主要产物——碳水化合物的示意图，以及其分解的化学反应

## 1.3.1　自然和人工进化的比较

在这一节，我们将比较两个不同的反应阶段——碳化和石墨化，对应发生于温度高达3000℃的基本的化学和结构转变。关于结构转变的机理将会在第2章的结构部分介绍。

从图1.2中，我们可以看到，第一个阶段是成岩作用，该阶段是有机物质到干酪根的复杂转变过程。在地热分布梯度的影响下（大约为3℃/100m深度），发生了叫作煤化作用的热转化，对应于退化作用阶段，这一过程发生在地下1500~3000m的深度，历经数百万年的时间。在实验室中，在1000℃左右的温度下，几小时内就可以实现类似的转化［OBE 06］。

大量研究表明，这个热化学过程基本是相同的：前驱体开始释放轻烃类物质，伴随着成熟过程其碳含量逐渐增加，碳质量分数会超过50%。这种碳化作用，称为一次碳化，伴随着水和二氧化碳的释放。这种演变过程对应于温-克雷威林图中的箭头所指的方向变化（这些箭头都指向原点）。多种分析表明，起初的大分子会逐渐转变成有几个环组成的小芳香烃基团，随后会逐渐堆积、结合，形成基本结构单元（BSU）。前驱体的生物来源对其化学组成的影响很大，不同来源的组成之间存在差别。与特定化学功能相关的杂原子（H、O、N、S）会导致在不同的温度下排出气体，留下碳固体［MON 97］。温度的升高引发的这些化学转化会使体系软化，并形成塑性相以及复杂的胶体体系，然后在超过1000℃的温度下演变为几乎纯的碳固体。

煤不同种类之间的差异是由其自然起源所决定的，与演变过程的不同阶段也紧密相关，随着碳含量增加其含水量减少，对已知的前驱体进行热处理，发现温-克雷威林（Van Krevelen）的分类同样适用。人工实验室合成碳的初始化学成分也会影响其石墨化能力[OBE 06]。

接下来对比天然石墨和金刚石的地质形成方式和实验室制造方式。各种前驱体在地壳1000℃左右的高温，以及数十亿帕的高压条件下发生变质过程；而实验室中发生的变化称为低温石墨化。事实上，在封闭高压空间中剪切力的作用下，煤转变为石墨所需要的温度要比在传统工业过程中的温度（大约为3000℃）低得多[ROU 06]。此外，天然金刚石晶体的发现使得化学家们尝试在实验室中制造金刚石晶体，以了解这种自然现象的起因。19世纪晚期，汉内（Hannay）和穆瓦桑（Moissan）的试验一无所获，一直到后来发展出了极高压条件的方法，才成功制造出金刚石[DEM 97]。

## 1.3.2　含碳产品的生产和发展

我们现在将概括通过热解和蒸馏获得木炭的两种制备工艺：木炭窑烧炭化和实验室蒸馏烧瓶内干馏炭化[PAN 48]。图1.6展示了传统方法使用的木材圆盘窑及其可控的燃烧，最终可获得约20%（质量分数）的木炭。木炭的品质，比如孔隙度和热值，是由所用的木材树种决定的。在密闭的环境中，在蒸馏烧瓶中进行蒸馏，可以回收分解的气体和可凝油气、醇、酸以及含芳香烃的焦油。这种工艺产生的富含碳的固体称为焦炭（Coke），焦油蒸馏后的残留物称为沥青（Pitch）。这种中间产品由复杂的多环芳香族物质组成，加热时软化并转变为塑性状态。

图1.6　G. Pannetier描述的传统方法制造木炭的木材圆盘窑照片，其表面覆盖泥土以控制燃烧[PAN 48]

正如前面简史所提到的，使用活性炭来吸附气体或液体的经验是相当古老的。长期以来的经验表明，前驱体的来源至关重要，其组成和化学本质（纤维素、木质素)以及最初的细胞结构和制备条件是决定其孔隙类型和吸附能力的重要参数[HAG 99]。

第二部分是关于碳化学——植物被埋于地下,发展为天然的木炭,这是由于发生变质作用产生的现象,对应于图1.2中的第三阶段。已有的最常见的天然碳被分成若干类别,并且都被开发利用。从18世纪开始发展了三大类主要生产方向:首先是焦炭的生产,用于工业高温炉燃烧。另外两种分别是煤的气化和液化,可以经过再加氢得到合成气体和燃料[FAU 74]。我们后续会继续介绍这个化学反应及其当前状况。

# 1.4　总结和展望

在本导论章节中,我们讨论了化学科学在各个时代的渐进发展,以及碳元素在人类技术发展中所起的重要作用,但我们并没有考虑它对生物学和生命世界的根本贡献。这种历史方法让我们了解到碳元素远在被识别之前的各种相关发明创造的由来。我们介绍了在工业和实验室中使用的主要标准术语,区分已知的两个主要家族,石墨和金刚石("Grapho"和"Adamas")。已经识别出各种类型的碳,并且首次在一个多世纪前出版的勒夏特列(Le Chatelier)的《碳、燃烧和化学规则的介绍(Lessons on Carbon, Combustion, Chemical Laws)》(Leçons sur le carbone, la combustion, les lois chimiques)一书中对一系列事实进行了总结[LEC 26]。他筛选出碳的三种单质形态:石墨、金刚石和无定形碳,关于无定形碳的本质后续会进行介绍。从矿井中开采或人工制造的煤的历史全景图显示,它们具有不同的特性,这取决于它们在形成过程中所承受的温度,也可能还有压力。这是我们将在第2章进行阐述的内容之一,对现代化学诞生以来的、20世纪的进展进行总结。正如我们将看到的,这些对化学的贡献使碳成为一个研究和应用的主题,促使工具和技术的发展,这些工具和技术比仅凭经验知识所产生的更加完善。

## 参　考　文　献

[AUT 00] B. AUTHIER, "Il y a de la chimie dans l'air", L'Actualité Chimique, pp. 50-56, April, 2000.

[BAU 04] J. BAUDET, Penser la matière, une histoire des chimistes et de la chimie, Vuillard, Paris, 2004.

[BEN 84] B. BENSAUDE-VINCENT, "La genèse du tableau de Mendeleev", La Recherche, vol. 15, pp. 1206–1215, 1984.

[BEN 93] B. BENSAUDE–VINCENT, I. STENGERS, Histoire de la chimie, La Découverte, Paris, 1993.

[BER 75] M. BERTHELOT, Les origines de l'Alchimie, Georges Steinheil, Paris, 1875.

[BRI 99] M-E. BRIK, "Histoire de la chimie dans la civilisation arabo–mulsumane", L'Actualité Chimique, pp. 30–36, March 1999.

[DAL 08] J. DALTON, A New System of Chemical Philosophy, R. Bickerstaff, London, 1808.

[DEM 97] G. DEMAZEAU, Chapter 13, in P. BERNIER, S. LEFRANT(eds), Le carbone dans tous ses états, Gordon and Breach Science Publishers, Amsterdam, pp. 481–515, 1997.

[DER 95] F. DERBYSHIRE, M. JAGTOYEN, M. TWAITES, Chapter 9, in J. W. PATRICK (ed.), Porosity in Carbons, Edward Arnold, London, pp. 227–252, 1995.

[FAU 74] J. FAUCOUNAU, "Le charbon de l'an 2000", La Recherche, vol. 51, pp. 1062–1071, 1974.

[HAG 99] S. E. HAGGERTY, "A diamond trilogy: superplumes, supercontinents and supernoevae", Science, vol. 285, pp. 851–860, 1999.

[KNA 74] P. KNAUTH, La découverte du metal, Time-Life, 1974.

[KUM 99] L. R. KUMP, J. F. KASTING, R. G. CRANE, Earth System, Prentice Hall, New York, 1999.

[SHI 02] J. SHIGLEY, "Les Diamants", Dossier pour la science, Scientific American translation, pp. 70–75, April–June 2002.

[LAU 01] A. LAUGIER, A. DUMON, "D'Aristote à Mendeleev", L'Actualité chimique, pp. 38–50, March 2001.

[LAV 89] A-L. LAVOISIER, Traité élémentaire de chimie(Elementary Treatise on Chemistry), translated into English by Robert Kerr, Suchet, Paris, 1789.

[LEC 26] H. LE CHATELIER, Leçons sur le carbone, la combustion, les lois chimiques, Hermann, Paris, 1908 and 1926.

[MON 97] M. MONTHIOUX, Chapter 4, in P. BERNIER, S. LEFRANT(eds), Le carbone dans tous ses états, Gordon and Breach Science Publishers, Amsterdam, pp. 127–182, 1997.

[NEW 50] J. NEWTON-FRIEND, Man and the Chemical Elements, Charles Scribner's Sons, New York, 1950.

[OBE 06] A. OBERLIN, S. BONNAMY "Paléogénèse du pétrole et applications industrielles", L'Actualité chimique, vol. 295–296, pp. 7–10, 2006.

[PAN 48] G. PANNETIER, Traité élémentaire de chimie, Masson et Cie, Paris, 1948.

[PER 75] C. PERLÈS, "L'homme préhistorique et le feu", La Recherche, vol. 60, pp. 829–839, 1975.

[ROU 06] J-N. ROUZAUD, O. BEYSSAC, F. BRUNET, C. LE GUILLOU, B. GOFFÉ, T.

CACCIAGUERRA, J-Y. LAVAL, "Formation du graphite et de nanodiamants par pyrolyse sous pression", l'Actualité chimique, vol. 295-296, pp. 11-14, 2006.

[RUT 04] A. W. RUTHERFORD, A. BOUSSAC, "la photosynthèse", Clefs – CEA, vol. 49, pp. 86-92, 2004.

[TEM 00] R. TEMPLE, Le génie de la Chine: 3000 ans de découvertes et d'inventions, Philippe Picquier, Paris, 2000.

[VAN 61] D. W. VAN KREVELEN, Coal, Typology, Chemistry, Physics, Constitution, Elsevier Publishing Company, Amsterdam, 1961.

[VER 01] J. VERHOEVEN, "Le mystère des épées de Damas", Pour la Science, vol. 286, pp. 48-54, 2001.

# 第2章 | 碳的多态性

本章的主要目的是评估基于 20 世纪取得的三项重要进展而建立的关于碳质固体的知识。它首先涉及平衡态附近的现象热力学主体，适用于各种现有的固体形式。接下来，它涉及微观描述，通过量子力学理解化学键的形成，主要是共价键的形成。最后，本文将介绍不同长度尺度下结构、纹理和形貌分析技术的重要贡献。对物质与电磁波相互作用的各个方面的分析是一项有价值的贡献，在整个 20 世纪得到极大发展。

在此背景下，我们将依次回顾已被识别认知的经典晶型和热力学相的关键特征，然后再看那些最近发现的新分子碳的特征。正如我们在前言中所述，这些特征是基于多环原子层的存在，这些原子层可以是弯曲的，如在富勒烯和纳米管中的，或是扁平的，如石墨烯中的。总之，以部分结晶态存在的碳质固体，这对应用是极其重要的，将被归类为宏观的或分散的材料。

所有这些单原子材料变体都将涵盖同素异形的热力学概念，仅限于结晶单体的情况，并呈现 1840 年左右贝采尼乌斯 ( Berzelius ) 定义的不同特征。我们认为更广泛的多态性概念在这里更可取，因为它与不同几何形式的不同化学变种的存在具有相关性，正如 Mitscherlich 首次在同一时期展示的那样 [ NAQ 60 ]。

## 2.1 碳原子及其化学键

碳原子是元素周期表上的第六个元素。它由六个电子和一个原子核组成，六个电子占据原子的 s 轨道和 p 轨道 ( $1s^2$, $2s^2$, $2p^2$ )，原子核含有六个质子，以维持电荷平衡。数量可变的中子会产生同位素，其中最常见的一种原子质量为 12，且拥有 6 个中子 [ KIT 98 ]。在量子力学中，用杂化现象描述了价电子的共享以形成不同的共价化学键。在阐述各种同位素的存在及其引人关注的性质之前，我们将讨论杂化现象。

## 2.1.1 化学键和固体相

价电子的共享是基于八电子规则和原子轨道的线性组合,形成一个或多个碳-碳键,并与其相邻原子呈现一个可变的配位数。由此形成的分子轨道呈现轴向重叠(σ轨道)或垂直于核间轴的重叠(π轨道),从而产生各种化学键。这种现象在量子化学中称为杂化,形成三种分子轨道:

① $sp^3$杂化形成简单的四配位σ键,键角为109°;

② $sp^2$杂化,具有双键,σ和π,一个平面内的三角形,键角为120°;

③ $sp^1$杂化,具有一个三键、一个σ轨道和两个π轨道,与两个相邻轨道呈直线关系,与单键交替形成原子链。

因此,由于可能产生不同的原子配位和空间分布,从宏观上定义了几个不同固相,主要是金刚石和石墨的晶体结构,它们的配位数分别等于4和3(见图2.1)。

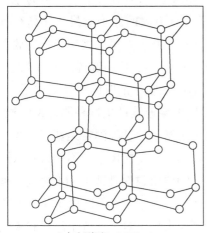 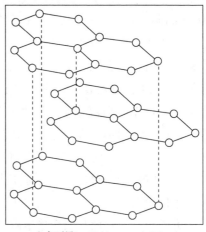

立方金刚石($a$=0.356nm)　　　　　　六方石墨($a$=0.246nm, $c$=0.671nm)

图2.1　立方金刚石和六方石墨相的晶体结构,常温常压下测量的晶格参数($a$, $c$)

也有可能存在一种称为卡拜的聚合物形式。这一物相直到1960年左右才被确认,它以多炔(—C≡C—)或累积多烯(C=C=C)的形式出现[HEI 99]。为了概述这种可能性,我们在图2.2中展示了没有长距离重复晶序的石墨相和含有$sp^2$和$sp^3$杂化混合物的混合相。第一种,正如我们将看到的,可以在温度的作用下转化为石墨,这就是石墨化的过程。第二种称为无定形碳($\alpha$-C),或含有更多氢($\alpha$-C:H)。最后,还有一种名为DLC的人造金刚石品种,意为"类金刚石碳"。

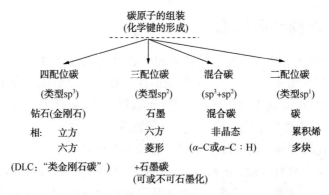

图 2.2　根据所相关化学键类型对不同类型碳的分类

## 2.1.2　碳同位素

原子中的中子数是可变的，我们必须区分稳定同位素和不稳定同位素。在第一类中，原子质量为 12 的同位素较为常见（98.9%），但具有 7 个中子的原子质量为 13 的同位素较少（1.1%）。这种同位素具有更大的原子质量，并具有核自旋，在某些特定物理特性环境中是一种特殊的标记物。在第二类不稳定的放射性同位素中，实验室已经产生了寿命只有 20min 的 C-11，宇宙起源的 C-14 是天然存在的。C-14 会自发衰变并伴随粒子放射。在 5500 年的时间里就消失了一半。20 世纪 50 年代，利比（Libby）提出了在自然界中会连续产生这种同位素的概念，并为利用放射性测年学进行考古年代测定奠定了基础。这种测定是基于这样一个事实：当一个生命系统死亡时，它与外界环境的物质交换停止，不能再获取同位素 C-14。通过测量有机产品（一般是植物）中的残留放射性或 C-14 含量，可以测量的年代范围在 500~50000 年之间[LAN 92]。这种方法不适用于几百万年前形成的可燃化石；然而，两个稳定碳之间的同位素比率对于理解干酪根和天然碳的来源，以及通过评估二氧化碳的来源来研究大气圈和水圈中有机循环的演变（见图 1.1）都是有指导意义的[GAL 80]。

# 2.2　一种热力学方法

## 2.2.1　关于现象热力学的几点提示[MAR 95]

单一相态是由相同的原子或分子组成的均匀的宏观集合。一般来说，我们把相态分为三类：固态、液态和气态。相态的各个区域由平衡态相图定义。它们是由强度变量如温度和压力（$T$ 和 $P$，用国际单位 Kelvin 和 Pascal 表示）等所决定的。从一种状态到另一种状态的变化是以相变为特征的，这是一种遵循既定规则的现象。对于单一固相的纯物质，存在一个三相共存不变的三相点。对于存在同素异构体的情况，不同的固相之间存在竞争，遵守普遍稳定性标准。在固相中，由于化学键的存在和相关的能量增益，原子或分子在空间上是有序排列的。对于所考虑的固体来说，这就产生了内聚能的定义和状态方程的定义[Del 09]。内聚能相当于通过化学键的有序形成而获得的能量增益，并由几个热力学函数来表征。在没有化学反应的情况下，平衡态以 $T$ 和 $P$ 为变量，用自由焓或吉布斯焓函数的最小值来表征：

$$G = H - TS$$

其中，$G$ 是自由焓，$H$ 和 $S$ 是其他状态函数，称为焓和熵。

在强度变量的作用下，第二相的自由焓函数的绝对最小值会低于第一相，从而相变就会发生。这种结构变化现象与焓的变化有关；热量被释放或吸收，因此相应的相变过程称为放热或吸热过程。几相共存的现象引出了稳态和亚稳态的概念；当一个相态的自由焓函数处于第二最小值时，它被一个比热扰动值大得多的活化能势垒从自由焓最小值的相态中分离出来，这种状态称为亚稳态。它们的特点是具有非常接近的内聚能[DEL 09]。

## 2.2.2　碳的平衡态相图[DEL 09]

要建立碳的相图，需要做大量的工作，因为相被认为是由无数的原子构成的。图 2.3 所示的常规相图是经过大量工作后达成的共识[BUN 96]。它是基于六方石墨为稳定的热力学相（图 2.1），因在通常条件下，即环境温度和大气压下，它是稳定的。已被识别的另外两个品种，金刚石和卡拜，处于亚稳定状态。该图的主要特征包括：

① 存在两个三相点，如图 2.2 所示，在约 5000K 和 12GPa 的压力下，同时存在石墨、金刚石和液相。在更高的温度和更低的压力下，还存在纯物质的另一个三相点。

② 两个液态和一个气态，在非常高的温度下，有一条沸腾的线，这很难表征。

③ 在高温和低压下，存在一个小的卡拜相稳定区域；有人提出了石墨化学键的打开机制，但这一相很难稳定下来。无论采用哪种合成方法，都可以得到长度有限的一种或另一种组合形态的碳链，这种碳链可以形成叫作 $\alpha$ 和 $\beta$ 的微晶体[HEI 99]。

④ 平衡状态下石墨-金刚石转变线，用实线表示，表明伴随碳配位数变化而发生的结构转变需要大量的能量，因为它必须打破现有化学键再重组成新键。在常压惰性气氛中，金刚石只有在2000K左右才能大量转变为石墨。当有催化剂存在时或在热冲击甚至压力波的作用下，亚稳区扩展到虚线位置。

⑤ 金刚石相和石墨相呈现的不同被称为多晶转变。立方金刚石也可以以六方的形式存在，称为长晶石[L]。石墨单晶是由石墨烯平面分子规则堆积而成的，六角形的初始相以交替堆积(ABA……)为特征，但也存在菱形对称的亚稳相[Rh](ABCA……)，但从来都不是完全孤立存在的。

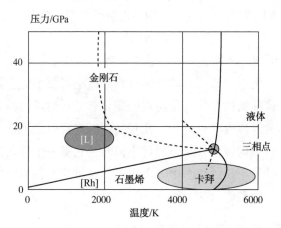

图 2.3　宏观碳的热力学相($T$, $P$)图(简化自 F. Bundy 等[BUN 96])

因此，这个简单的单原子体存在一个相当复杂的相图，这还没有考虑晶体尺寸的影响，也没考虑无定形碳或准晶态石墨碳中长程组织的缺失。

## 2.3　新的分子相

正如我们在概述中指出的，1985 年 Kroto、Smalley、Curl 和他们的同事发现了 $C_{60}$ 的准球形分子，这被认为是分子类型纯碳相研究认识论的转折点[PEN 09]。这种分子在高温下的气相合成是由星际空间中存在新的碳相的天体物理学研究推动的。这种分子是二十面体，是符合希腊人描述的规则多面体。很快就发现它是一族亚稳态聚集体的基础分子，这些聚集体含有可变数量的原子，我们将其称为富勒烯。随着纳米管和石墨烯结构的相继表征确认，Geim 和 Novoselov[GEI 07]提出了这些分子碳之间的联系，如图2.4所示。从芳香性的概念出发，并假设存在一个孤立的石墨烯平面，我们可以描述这些不同物相之间的关系。

继19世纪末 Kekulé 对苯的研究之后，人们清楚地看到，具有几个并排六边环的芳香族分子(萘、蒽、晕苯、卵苯等)是最可能的前体形式，这要归功于 π 分子轨道的电子离域作用，这是一种基于 Huckel 稳定性定律的共振现象的具体体现[SAL66]。这就是为什么在有机前体的热化学演化过程中，多芳香族基团的形成是不可避免的。这些缩聚芳烃分子越来越富含碳，在二维聚合过程中导致外围杂原子释放，理想情况下可以形成无限延伸的石墨烯平面。多年来，这仍然只是一个虚拟物体，因为孤立的双周期固体在热力学上是不稳定的[PEN 09]。

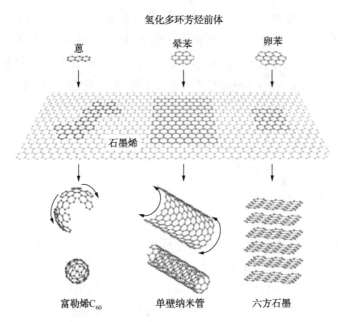

图2.4　石墨碳的分子形式：氢化多环芳烃分子(HPA)；石墨烯片的前体和衍生的各种型态的实例，通过凹曲线或平面堆叠得以稳定(改编自 A. Geim 和 K. Novolesov[GEI 07])

　　然而，下面这些平面间或平面内的因素能够稳定原子平面：

　　① 平面之间的弱相互作用，本质上属于静电范德华力，使得通过优化其内聚能来构建六方石墨相成为可能。

　　② 拓扑缺陷，通过保持配位数不变，但出现五元环或七元环，在石墨烯平面上引起局部应变，导致再杂化的量子现象。弯曲平面的这种效应消耗了共振能量，但允许形成稳定的化学键，从而产生了两类家族化合物。第一种显示的是一个凹面正曲线(富勒烯和单壁纳米管)(见图 2.4)，另一种是理论上预期的负或凸曲线[称为施瓦苯(Schwartzenes)的化合物]，但尚未得到实验证实[DEL 09]。

然而，石墨烯的平面，或者至少是有限的石墨烯带，可以通过各种实验方法来获得。第一种方法是通过增加有机前体的并排芳香环的数量直接化学合成；然而，由于技术上的限制，这已被气相化学沉积在晶体衬底上芳烃分子取向生长所取代。第二种方法本质上是机械方法，也就是在原子层剥离石墨晶体；Geim 和Novolesov 已成功地实现了这一点[GEI 07]，并将其扩展到了插入-剥离这种机械-化学相结合的技术。自从这一发现以来，已出现了多种不同的新制备方法，以获得可重复的样品；这些将在第 8 章中描述。

总而言之，这些分子相不能被视为图 2.3 所示经典相图中包含的同素异形相。另一个有趣的点涉及这些三配位碳的电子特性，它们与 π 轨道的空间延伸有关。对于 $C_{60}$ 分子的正常正方晶体，这等于 0，因为 π 电子被限制在分子内。单壁纳米管的离域是一维的，根据原子平面的闭合角度呈现不同螺旋性或手性；对石墨烯带来说是二维的，在石墨晶体中则被认为是各向异性的三维。这种不断增加的电子维度会影响广泛发育的专属特性[Del 09]。

## 2.4　无定形碳

理想的结晶固体在长距离上存在平移对称性，这是七种 Bravais 原始晶胞的特征。然而，可能存在许多缺陷和不完美，这些是原子在位置或成分上的缺陷——称为位错线的线性缺陷，以及与各种多晶体相关的原子平面中的堆叠层错。在石墨相中，芳香环平面尺寸及其堆叠决定了基本结构单元（BSU）和晶体尺寸。这个观点是利用 X 射线衍射图谱逐步建立起来的（见表框 2.1），Franklin 和Waren 在 1950 年左右对其进行了首次分析[MON 97]。我们在回顾获得不同结晶度碳相的原理时将会讨论这项工作，然后会研究已在第 1 章中介绍过的碳化和石墨化过程的热反应演变条件。我们将介绍以块状或分散状态获得的各种碳相，这些状态影响多个应用领域。

### 2.4.1　主要过程

使用现象学热力学方法，包括非晶相，可以从实验的角度将这些物相分类为亚稳态甚至不稳定状态，这取决于两个基本参数：一方面是对初始相态的选择，另一方面是完成这些晶相转变所需能量的提供方式。已经开发了许多技术来获得我们在表 2.1 中总结的不同的碳相，有物理方法，也有化学方法。在第一种情况下，初始相为石墨纯碳，化学成分没有变化，但化学键可能断裂，然后会重组，伴随着配位数的变化。在第二种情况下，有机前体的选择、相的种类(气态或冷凝态)及其化学成分是决定因素。

## 表框 2.1　结构和纹理的表征方法

这些方法是基于电磁波和物质之间的相互作用，通常在量子粒子之间发生弹性碰撞时产生的衍射过程中。在 20 世纪，三个系列的发明和发现使我们或多或少加深了对晶体结构及其长程组织的了解。现在我们将简要回顾一下相关尺度[MON 97]。

**X 射线衍射**：受 X 射线照射的晶体产生衍射图案，射线方向由晶体晶格和原子排布晶体结构的相对强度决定。布拉格关系表达了这一现象：

$$\lambda = 2d_{hkl} \cdot \sin\theta$$

其中，$\lambda$ 是原子间距离量级的波长；$\theta$ 是反射角，$d_{hkl}$ 是晶面间距，由晶面指数($hkl$)和晶体对称性决定[KIT 98]。通过对衍射峰强度和峰形的分析可以获得更多的信息。

这种衍射现象表征了微晶的相干元素体积和平均周期结构。可以通过中子或电子等其他量子粒子的衍射技术来补充获得完整的晶体结构信息。

**电子显微镜技术**：扫描显微镜发明于 20 世纪 30 年代，由一束入射电子扫描样品表面，然后利用一组探测器对发射的射线进行分析，以重建样品表面形貌。因此，其空间分辨率和表面结构表征比通过衍射获得的分辨率低。

透射电子显微镜是基于固体薄片的衍射现象。可以采用多种技术来获得图像，主要是暗场成像和晶格条纹法。这些技术已经广泛发展成目前的高分辨率技术，可以达到原子水平，并使我们能够观察晶体缺陷。

**近场显微镜**：隧道效应显微镜在 20 世纪 80 年代早期的发展，使我们第一次获得晶体表面的原子分辨率图像，它提供了一种新的获得更具体的表面形貌的方法。这种方法基于纳米探针点和导电表面之间的电子隧道效应，已通过测量点和表面之间的相互作用强度将应用范围扩展到绝缘样品。这是一种做了一些改变的原子力显微镜。

总之，这些辅助技术已用于分析固体的三个表征层级：

① 结构，描述原子或分子的空间位置，并能够达到纳米级；

② 纹理，显示从几纳米到 1μm 左右的尺度内的总体排列、分布和均匀性；

③ 形貌，用光学显微镜甚至直接用肉眼观察到的几何形状。

一般来说，实验过程给予的能量过剩越多，最终物相就越有可能处于亚稳态，与原有的六方石墨相比，其内聚能差异更大。

表 2.1　不同制备过程导致多晶态和形貌变体的各种实例的现象学分类[DEL 09]

| 初始相的状态 | 实验过程 | 获得的亚稳相 |
| --- | --- | --- |
| 从固体石墨相开始的物理路线 | ① 热蒸发；<br>② 淬火/冲击波；<br>③ 电子束和光子束（激光）；<br>④ 机械（或热化学）分离 | ① 薄石墨膜、富勒烯和碳纳米管；<br>② 金刚石；<br>③ 富勒烯和碳纳米管；<br>④ 石墨烯 |
| 各种前驱体的化学路线：<br>① 天然煤；<br>② 聚合物；<br>③ 气态或液态烃 | ① 热解/碳化；<br>② 气相化学沉积，经典或催化；<br>③ 反应等离子体；<br>④ 电化学反应 | ① 焦炭或沥青、玻璃态碳纤维或碳；<br>② 各向同性或层状热解碳、炭黑、炭丝；<br>③ 金刚石、无定形炭；<br>④ 卡拜 |

根据制备条件，我们必须区分获得的分子相态和通过化学手段获得的更宏观的石墨或金刚石相，其特征是杂化状态发生变化。为此，我们在图 2.5 中展示了一个三元图，来表明碳具有或不具有 π 电子的比例，它取决于氢的含量，在这种简化的情况下，氢被认为是前体中存在的唯一杂原子。根据制造技术，有可能获得主要与石墨碳相对应的多环基团，或对应于含氢的多配位无定形炭（α-C：H）或几乎不含氢的多配位无定形炭（α-C），甚至基本上是四配位的，通常称为 DLC（见图 2.1）。我们现在将研究由芳香族单元组成并称为"石墨"的碳，它们构成了最重要应用的碳家族。

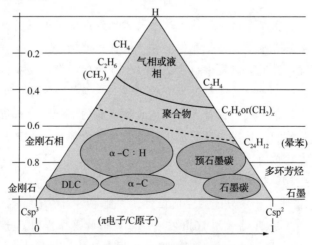

图 2.5　非结晶碳的三元图

## 2.4.2　演化与结构特征

主要有两点需要考虑：从天然或合成前体开始的热化学演化，以及从气态或液态有机相获得热化学演化的条件。

### 2.4.2.1　碳化阶段

所有天然有机物元素组成主要包括 C、H、N、O、S，可能还有一些金属；而使用合成产品时，我们可以控制这些杂原子的初始含量，通过在惰性气氛中加热来将其释放除去。从热解开始的一次碳化，通常在 500℃ 左右，产生初始固体碳化物。这些热化学转变的特征是通过 C—H 键的断裂释放氢（脱氢），在 700℃ 左右达到脱氢峰值，基本上在 1000℃ 左右完成。自由基的出现源于未完成的化学键，然后形成芳香环并相互缩合。接下来，杂环中的氮在 1000℃ 以上被消除，但氧和硫分别直到 1500℃ 和 1800℃ 左右才被释放出来。这两个原子作为芳香族基团之间的化学桥键起到了交联作用，从而阻碍了碳质固体的结构演变[MON97]。二次碳化温度在 1000~2000℃，可提供近乎纯净的碳。它对应于一个局部组织，其中由直径约 1nm 的小芳香核开始自行堆叠，形成 BSU 并凝结。它们是石墨化前形成乱层结构的基础[OBE 01]。

### 2.4.2.2　石墨化过程

在不断升高的处理温度下（2000~3000℃），逐渐出现的长程有序三维结构，在 BSUs 相互聚结后，可形成具有六方对称性的石墨烯平面并堆叠，这就是石墨化过程。关键的结构表征是用 X 射线衍射来测定平面间的平均距离，$d_{002}$ 等于图 2.1 中所示参数的一半。该值逐渐趋向于单晶的值，等于 0.3354nm，并用作石墨化指数。

然而，过去 50 年的大量工作表明，有两种情况需要考虑。根据前体的性质和使用的生产方式，会产生所谓的可石墨化或不可石墨化碳。在第一种情况下，它们是沥青甚至热塑性聚合物等天然产物的结果；要获得结晶形态必须在处理过程中使之处于流体状态（见图 2.6）。其中最主要的是中间态的形成，碳质中间相取向有序，因为它是由扁平分子组成的，如 300~400℃ 左右的盘状液晶[MON97]。局部分子序（LMO），对应于扩展的超分子结构，可以使用各种电子或光学显微镜进行分析。

相反，对于某些富含氧原子的煤或可固化聚合物，石墨化过程无法进行，因为邻近的 BSU 的取向极度无序。这种情况主要会形成玻璃碳，之所以称其为玻璃碳，是因为它们的外观和机械易碎性。

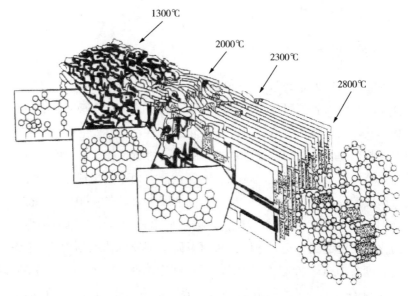

图 2.6　在高温热处理(HTT)作用下宏观有机前驱体的热化学和热结构演变示意图；它显示了伴有芳构化过程的碳化阶段，以及 2000℃ 以上可能的石墨化以获得石墨的晶体结构(如图右侧所示)

另一种情况是通过各种前体的热分解获得化学气相沉积(CVD)相。一般的机理是成核和生长，就像在经典的晶体生长过程中一样，核的形成可以发生在均相或非均相体系中与其他表面接触中。在第一种情况下，煤烟和炭黑是由凝聚碳氢化合物的液滴形成的。相反，在第二种情况下，被称为热解碳的薄膜或厚层的大量沉积是通过自由基化学机理获得的。

这一过程导致了两类不同的主要技术：要么是反应等离子体高能参与的 CVD，要么是催化剂的贡献。在第一种情况下，分子解离并形成高活性离子产生的高能状态形成了各种相态的非晶碳，既有 $sp^2$ 杂化，也有 $sp^3$ 杂化(见图 2.5)。在第二种情况下，金属催化剂(如铁、镍或钴)可以将不可石墨化的碳转化为可石墨化的碳，还可以促进丝状碳的形成，我们将从更宏观的视角来介绍这些物质。

## 2.4.3　宏观均质碳

石墨碳是一种多尺度材料，有三个层级的描述，这三个层级我们在上述表框中已经叙述过了。纹理表征与其局部分子取向(LMO)的空间布局相关，LMO 决定了整体几何结构元素、平面、对称轴或对称点。固体视觉形貌表明其是均相或单相的(见图 2.7)。

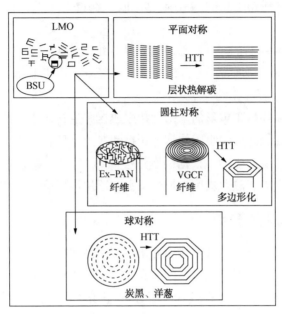

图 2.7　显示石墨碳及其热演变的不同对称性纹理的示例；这些基于 BSU 的优先取向，形成与特定对称形态相关的取向场(DOM)(改编自 P. Delhaes，et al. [DEL 06])

用这种方法给主要碳质材料家族进行了命名：

多粒碳和石墨粉：是宏观统计上各向同性的单一结构固体，由随机分布的颗粒组成；这些颗粒由石墨微晶甚至一组微晶组成。还有作为补充的另一类被认为是各向同性的碳，我们称其为玻璃碳。它是固相碳化的结果，例如酚醛树脂碳化不会经过塑性阶段，因此得到不可石墨化的碳。

热解的碳、热解碳和热解石墨[TOM 65]：这些宏观碳固体是由碳氢化合物气体前体(通常是天然气)在 1000℃到 2500℃之间的平板基底上通过 CVD 获得的。在这些热解碳沉积中，有些被称为薄层片状，它们是可石墨化的。在 3000℃左右的高温和高压的综合作用下，可以形成准单晶结构的热解石墨。

长丝状碳：它们具有特定的几何结构，即非常大的长径比。这些细丝横截面接近圆形，直径从 1nm 到十几微米不等，具体取决于其制备条件。最重要的是，我们必须区分以下几种结构：

① 单壁纳米管，已经被定义为直径约1nm的分子聚集体，多壁纳米管由几个石墨烯平面同心卷曲而成，并在轴向内腔留出空间。

② 长丝，像碳纳米管一样，通过在气相中催化生长，然后热解沉积而获得（称为VGCF，即"气相生长的碳纤维"），但长丝没有中心空腔，直径从0.1μm到1μm不等。

③ 直径12μm左右的经典纤维，通常从纤维素或聚丙烯腈纤维的凝聚态中连续生产出来，或通过热沥青纺丝连续生产。已经开发出工业纺丝技术，以及受控碳化和2000℃以上石墨化的技术。

泡状碳：或多或少是球形的，由气相中成核和生长产生。这些是由有机产品不完全和不受控燃烧产生的小固体烟尘颗粒和炭黑。后者是在工业生产中通过碳氢化合物的气相热解产生的，根据制造过程的不同会释放出单个或聚集的颗粒。我们将其分为炉炭黑、热裂炭黑、烟尘炭黑和乙炔炭黑[GUY 92]。

## 2.4.4　多孔和分散碳

根据胶体的通常分类以及有限分散相和连续分散介质(连续相)之间的二元性[Guy 92]，表2.2中对不同类型的多孔或分散碳进行了分组。我们所考虑的是通过空间或静电相互作用在连续相中显示出至少1μm或纳米尺寸的稳定颗粒。在这些至少存在两相的非均质环境中，我们对连续相是液体甚至是固体的情况进行了区分。通过固-固或固-液界面，我们可以获得复合固体甚至胶体悬浮液，这在很大程度上取决于制造工艺[Del 06]。多孔碳的情况非常特殊，因为我们必须分析固体内部孔隙的大小和分布。要做到这一点，我们必须区分开放孔和闭合孔。对于开放孔来说，必须确定它们的大小和连通性，以确保在选择性吸附过程中流体物质的流动。正如我们稍后将看到的，孔的大尺寸取决于初始固体的特性，并与制造技术极其相关，包括表面处理，以获得对气体、液体或小分子的选择性分子吸附[DEL 06]。

表2.2　非均质碳基材料的胶体分类

| 从连续相到分散相 | 固 | 液 | 气 |
|---|---|---|---|
| 固 | 多颗粒石墨、复合材料和随机分散介质 | 纳米碳的胶体悬浮液 | 烟尘炭黑和长丝 |
| 液 | 固体乳液凝胶 | 碳质中间相和微珠 | 气溶胶空心微珠 |
| 气 | 多孔碳(天然的或仿制的) | 泡沫和气凝胶 | |

## 2.5 从固体到材料

在这一章中，我们介绍了目前已知的各种形态的碳。然后，我们介绍了碳主要的常见形态，将其结构和纹理与实验条件相联系。对于所谓的石墨碳来说，这是非常基本的，而石墨碳是大多数工业应用的基础。这些应用依赖于多尺度组织和我们尚未描述的物理化学性质之间存在的关系。

应该强调石墨相和金刚石相在电子结构上的重要区别。在 σ 类型的简单共价键的存在下，原子的周期性和无限组装产生了一个完整的价带和一个空的导带，它们被一个大于 5eV 的禁带隔开[KIT 98]。这就是金刚石具有电绝缘性和光学透明特性的原因。在呈现多键的碳固体中，我们必须加入 π 电子能谱，它填补了我们之前提到的 σ 带之间的空隙。因此，所有由三配位原子形成的固体都是潜在的导电和吸光固体，因此或多或少地呈现黑色。一个值得注意的例外是富勒烯晶体，它是绝缘体，因为正如我们已经指出的那样，其 π 电子体系被限制在分子内。另外一点涉及机械和热性质，这是由于存在的化学物理相互作用和与晶体网络相关的振动引起的能量增加所致。因此，金刚石是一种非常好的导热材料，也是目前已知的最坚硬的材料，而具有层状结构的石墨在大多数物理性质上都具有高度的各向异性。

从固体到材料的转变是通过引入特定形状以获得特定功能来决定的，具体取决于所选的使用领域。为此，允许固体与外部交流的表面或界面必须得到控制；通常，这是构成固体固有体积属性的化学或物理-化学特性。因此，对本体和表面的同时分析就成了同时使用几种不同类型的材料创造一项新应用的决定性因素[GIG 90]。机械性能更强的界面将成为所谓的结构材料，而物理化学相互作用用于功能材料，这两种相互作用的组合用于所谓的集成材料。对外界刺激能够响应时，这些材料就成为所谓的智能材料，就像传感器一样。在接下来的章节中，我们将看到对这些界面的控制，从化学反应性开始，是各类含碳材料的关键。随着现代技术的发展，这些材料的复杂程度将逐步提高。最后介绍分子碳，它可以被认为是表面材料。

**参 考 文 献**

[BUN 96] F. P. BUNDY, W. A. BASSETT, M. S. WEATHERS, R. J. HEMLEY, H. K. MAO, A. F. GONCHAROV, "The pressure-temperature phase and transformation diagram for carbon", Carbon, vol. 34, pp. 141–153, 1996.

[DEL 06] P. DELHAES, J–P. ISSI, S. BONNAMY, P. LAUNOIS, CHAPTER 1, in A. LOISEAU, P. LAUNOIS, P. PETIT, S. ROCHE, J–P. SALVETAT(eds), Understanding Carbon Nanotubes, From Basics to Applications, Springer Berlin Heidelberg, pp. 1–47, 2006.

[DEL 09] P. DELHAES, "Phases carbonées et analogues", Solides et matériaux carbonés, volume 1, Chapters 1–4, Hermès-Lavoisier, Paris, 2009.

[DON 65] J – B. DONNET, Chapter 22, Les Carbones, volume 2, Masson, Paris, pp. 690–711, 1965.

[GAL 80] E. M. GALIMOV, Chapter 9, in B. DURAND (ed.), Kerogen, Technip, Paris, pp. 271–338, 1980.

[GAY 63] R. GAY, H. GASPAROUX, Chapter 3, Les Carbones, volume 1, pp. 63–128, Masson, Paris 1963.

[GEI 07] A. K. GEIM, K. S. NOVOSELOV, "The rise of graphene", Nature Materials, vol. 6, pp. 183–191, 2007.

[GIG 90] M. GIGET, Matériaux et Techniques, pp. 3–14, June 1990.

[GUY 92] E. GUYON, Chapter 11, L'ordre du chaos, Pour la science diffusion Belin, Paris, pp. 177–192, 1992.

[HEI 99] R. B. HEIMANN, S. E. EVSYUKOV, L. KAVAN, Carbyne and Carbynoid Structures, Kluwer Academic Publisher, Amsterdam, 1999.

[KIT 98] C. KITTEL, Introduction à la physique de l'état solide, Dunod, Paris, 1998.

[LAN 92] L. LANGOUET, P. R. GIOT, "La datation du passé: la mesure du temps en Archéologie", GMPCA, France, 1992.

[MAR 95] A. MARCHAND, A. PACAULT, J. MESNIL, La thermodynamique mot à mot, De Boeck-Wesmael, Brussels, 1995.

[MON 97] M. MONTHIOUX, Chapter 4, in P. BERNIER, S. LEFRANT(eds), Le carbone dans tous ses états, Gordon and Breach Science Publishers, Amsterdam, pp. 127–182, 1997.

[NAQ 60] A. NAQUET, De l'allotropie à l'isomérie, J. B. Baillerère and Sons, London, 1860.

[OBE 01] A. OBERLIN, S. BONNAMY, Chapter 9, in P. DELHAES(ed.), World of Carbon: Graphite and Precursors, Gordon and Breach Science Publishers, Amsterdam, pp. 199–220, 2001.

[PEN 09] A. PENICAUD, P. DELHAES, "Les phases moléculaires du carbone", L'actualité chimique, vol. 336, pp. 36–40, 2009.

[SAL 66] L. SALEM, Molecular Orbital Theory of Conjugated Polymers, Benjamin, New York, 1966.

[TOM 65] F. TOMBREL, J. RAPPENEAU, Chapter 25, Les Carbones, volume 2, Masson, Paris, pp. 783–838, 1965.

# 第3章 | 天然碳：能源和碳化学

第1章介绍的化石碳资源是近几个世纪以来和当前人类的一次能源，也是工业革命以来在重化学工业中被大量使用的中间产品和材料。这两项活动同时具有互补性和竞争性，本章有两个主要部分对它们进行了描述。本章不讨论来自石油或经过分馏精炼后获得的重质石化残渣油的碳质天然资源。

本章将回顾能量概念的演变，其作为唯象热力学的一部分在表框3.1中进行了简要介绍。本方法允许我们从热的初始观念和它的转变开始定义它的抽象意义和多形性。因此，天然煤的燃烧与生物质的燃烧一样是常见的热量来源，另外也已经开发了更加精细的燃烧技术，见3.1节。

3.2节基于碳化学知识分析了各种各样固体产品的发展过程，碳化学主要涉及不同类型天然煤的热化学转变过程。这些产品是极其重要的中间产品，特别是在冶金行业，为了从高温炉中获得钢铁及其合金必须使用焦炭，对该点的论述见第4章。最后，在3.3节中通过对化石能源和可再生能源的相关能源场景的总体分析，阐述了它们在能源体系中的地位。

## 3.1 一次能源资源

### 3.1.1 能源的不同形式

从可操作的角度看，一次能源是人类可能利用的任何能源，范围从煤矿、石油和天然气井到水坝、地热能、风能和太阳辐射能。

为了获得一种合适形式的能源，必须基于运输和储存条件以及与必要的转化相关的产率来定量预测可用或最终的能源。因此，我们不得不考虑二次能源或能量载体，通常包括电能和少量的氢气。这些转化和能量转换取决于最终的应用目的，是家庭、运输还是工业，必须在更广泛的背景下考虑这些问题。

为此，在表框 3.1 中我们重述了在过去两个世纪里建立的唯象热力学原理，并把它与不断演变的能量概念关联起来[MAR 95]。本概括让我们澄清了特别是由 Antoine-Laurent Lavoisier 提出的卡的概念(见历史介绍和图 1.3)。天然煤用作燃料情况下的能量影响可以通过计算化学行为产生的热量来检验。

**表框 3.1　热力学和能量概念的回顾**

**唯象热力学的诞生和演变**

从热的科学开始，然后引出绝对温度的概念和热机的发展，可以分成两个重要时期[BAL 01]。

(1) 尽管在唯象热力学正式诞生之前 Papin 和 Watt 都已进行过前期的热量测定和有关蒸汽机的实验，但是直到 1824 年 S. Carnot 在热功当量方面的研究工作才被认为是唯象热力学的科学起点。应当指出的是，基于火的驱动力的工业应用以及为此从煤矿中获取碳资源的技术先于学科的科学建设。随后焦耳、Clausius 和其他物理学家的研究在 19 世纪确立了这门科学。J. W. Gibbs[BRO 09]和他的后继者们基于强度变量(温度、压力、化学势)极限值的研究规范了状态函数的含义。在此种情况下，特别是与相态变化和化学反应相关的焓的变化是重要的物理量。作为像宇宙一样接近于平衡状态的孤立系统的一部分，热力学第一定律表述了能量守恒定律。它是通过孤立系统的熵趋向于最大值的这个演变原理建立的。熵也是一个状态函数，涉及体系的无序性，可以用微观统计学方法进行解释，这要归功于 Boltzmann。

(2) 在封闭和开放的物质系统，与环境发生能量和物质交换脱离了热力学平衡范围，发生了不可逆过程。在一个相对接近于平衡状态的静止系统中，流通量和动力之间存在线性关系。这就是与原因和结果相关的 Onsager 定律，由此得到分别代表热量、电荷和物质传递的一般关系式分别被称为 Fourier 定律、Ohm 定律和 Fick 定律。在一个非线性系统中，超出临界阈值，任何系统的自然波动都不再递减。物质的均匀结构不再是一个稳定状态，然后会出现耗散结构。只要状态函数的局部条件仍然是有意义的值，就可以通过熵的增加来描述，并产生时空结构[GLA 71]。

**能量概念**

单词"能量"源于拉丁文"Energia"，其含义是运动中的力量，但它是一个抽象概念，由于它是从第一性原理进行定义的，因此在过去的两个世纪里它的含义发生了许多变化[BAL 01]。大致分成三个历史阶段对其进行描述：

第一阶段是热功当量，在能量概念中考虑热(和可以替代它的任何事物)。

热机利用一个热源和另一个冷源(见卡诺循环)可以输出功,在热能转换成机械能的过程中取得最大效率。

能量概念普遍化,包括化学现象和电现象,在 19 世纪期间是一个决定性的阶段。化学转化比如燃烧产生的热被称为反应焓($\Delta H$),该值为负值时此反应被称为放热反应。特别是由于植物的光合作用,光能可以转化成化学能。然后是电化学,Volta 首次发现电池以后,开发了几种类型的电化学发生器。

最后,1 个世纪前爱因斯坦发现建立了相对论和质能转换当量之后,能量概念进一步发展并深化。尽管还没有取得直接实验证据,事实上天体物理学的理论研究表明在膨胀的宇宙中存在着与暗物质相关的暗能量[CLI 09]。

总而言之,能量是一个广泛存在的物理量,有多种形式,但是守恒(第一定律),能量在转换过程中以热的形式发生损耗,是一个低质的能量形式(第二定律)。已知的各种各样的能量形式及其转换方式的汇总见图 3.1。图 3.1中展示了开发的多重可能,为此必须对这些转化的有效性和过程管理进行分析。仍然存在一个基本问题:它们的储存,特别是电能的关键储存问题[CLE 05]。图 3.1 展示了 6 个可用的主要能量形式,不管它们的起源是什么,图中可以区分的主要能量转换如下:

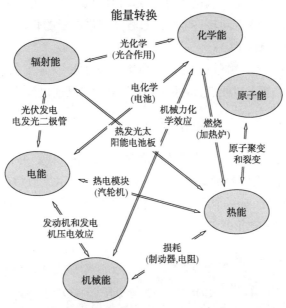

图 3.1　6 个主要能量形式可能存在的转换,包括几个转化机制的实例,3.3 节将进行分析(改编自[CLE 05])

① 经典路线。通过化学反应或核反应生产热能，随后热能通过更适当的形式转化成另外一种形式的能量，通常是机械能，也可能是电能；

② 所谓的联产系统，同时生产热能和一个能量载体，电能或氢气。

③ 其他形式，通常是可持续供应，但不能连续供应。通过光伏效应或吸热板利用直接来自太阳的太阳能；或者来自地球的可再生能源，通常是机械能，例如瀑布(水力发电)，风能(风力发电)和潮汐能(潮汐发电)。

总之，以上综述表明新过程的开发是不可或缺的，但是要求在一个符合能源消费规则的背景下进行恰当的选择，该规则要处于一个高效能源链内。

最后，从可操作的角度需要指出的是，能量是一个强度变量和一个广延变量的乘积。它是一个物理尺度 $M \cdot L^{-2} \cdot T^{-2}$ 的标量，可以用国际单位焦耳表达。电能量也可以用 $kW \cdot h$ 表示，或者当以经济方面为重点时甚至采用石油当量吨(PET)来表达化石能源量。

## 3.1.2 天然碳的燃烧

本节将讨论作为化学能量资源的各种类型的天然煤，这要归因于煤的燃烧现象被看作是一种物质的完全氧化。为此，要记住氧化还原机理是提供电子的化合物和接受电子的化合物之间转移电子的过程，提供电子的化合物被氧化，接受电子的化合物被还原[MAR 95]。

热化学实验被用于测量燃烧的各种焓。现在回顾一下关于这些放热反应[DEK 09]的基础数据，以便于后面我们将煤的热值与其他化石燃料的热值进行比较。

### 3.1.2.1 与氧分子发生的氧化反应

在氧分子存在下，石墨或钻石的燃烧都产生二氧化碳，并伴有强烈的热量释放，这种多相固-气反应释放的热量可以用与标准摩尔反应焓($\Delta H^{\ominus}$ 为负值表示是放热反应)来表征。有一个产生一氧化碳的中间阶段，相关的放热焓较低。下面的这些基础反应是被重复叙述的，还包括两个其他附加的反应，即气相一氧化碳的氧化反应和所谓的歧化反应。后面的吸热反应是两个氧化物之间的 Boudouard 平衡。

$$C + O_2 \longrightarrow CO_2 \qquad \Delta H^{\ominus} = -393 \text{kJ/mol}$$

$$C + \tfrac{1}{2}O_2 \longrightarrow CO \qquad \Delta H^{\ominus} = -110 \text{kJ/mol}$$

$$CO + \tfrac{1}{2}O_2 \longrightarrow CO_2 \qquad \Delta H^{\ominus} = -283 \text{kJ/mol}$$

$$2CO \longleftrightarrow C+CO_2 \qquad \Delta H^\ominus = +159kJ/mol$$

表 3.1 列出了标准燃烧焓和以单位质量表述的热值,以及反应气体的特性和数量。将石墨作为参考,然后提供了不同级别天然煤随着碳含量的升高而逐渐升高的热值,碳含量范围从 55% 左右的泥煤到超过 95% 的无烟煤。为了概括比较,表中还列出了采用典型组分分子代表的液体和气体燃料的热值。选择了简单的烷烃——甲烷和辛烷进行完全燃烧。

$$C_xH_y+(x+y/4)O_2 \longrightarrow xCO_2+y/2H_2O$$

过程中产生水蒸气,冷凝回收潜热。这是光合作用的逆反应(见图 1.5)。

**表 3.1 化石燃料的热化学特性**

| 燃料 | 燃烧焓/(kJ/mol) | 热值/(kJ/g) | 释放的气体/(L/kJ) |
|---|---|---|---|
| 碳(石墨) | 393 | 32.7 | $CO_2(0.057)$ |
| 天然煤(不同级别) | | 15~30 | $CO_2(0.124~0.062)$+其他气体 |
| 汽油(辛烷) | 5000 | 44 | $CO_2(0.035)$+$H_2O$ |
| 天然气(甲烷) | 890 | 50 | $CO_2(0.025)$+$H_2O$ |

现在我们将描述天然煤的主要特性,通过对比可以得到以下几个观点。首先,不同类型的天然煤含有不同的能量,并随着碳含量和芳香度的增加而增加,但是与它们的含水量成反比。泥煤总体上与木材和生物质相似,最高也就 15kJ/g 的能量取决于它们的生物化学特性和湿度水平。对于其他类型的煤(褐煤、烟煤和无烟煤),这个平均能量值会逐步升高。这取决于提供不同类型煤显微组分的植物源以及所经历的煤化过程[CHI 81]。

烟煤是最常见的,根据碳含量的增加划分成不同的小类:燃煤(70%~80%),具有结焦性能的油性煤或烟煤(75%~90%),半油性煤或轻质煤/难熔煤(85%~95%)。根据天然煤的来源它们还含有其他杂质元素可以释放出其他气体,比如水蒸气、氮或硫的氧化物,以及含有的无机杂质而导致的烟灰的形成。需要考虑由之而来的污染问题,特别是飞灰可以收集起来用于生产混凝土。

不同燃料的对比表明,以 kJ 为能量单位,煤是产生单位能量排放二氧化碳量最高的燃料,特别是在助推温室效应方面。按照这个思路,我们会想到氢分子在氧化生成水的过程中可以发出高达 -284kJ/mol 的放热反应焓,但是在氧化性气氛大气中,自然状态下的氢气是不存在的。

从实用的角度出发,可以使用下面的等价换算式:

$$1t \text{ 汽油}(TEP) = 1.5t \text{ 煤}(TEC) = 1000m^3 \text{天然气}$$

### 3.1.2.2　关于氧化反应动力学的说明

第一次工业革命起源于把煤的燃烧用作热源。从那时起，测量反应速度，理解与之相关的化学机理煤成为许多基础研究的主题。一个非均相气-固反应取决于反应界面和碳质固体的特性。在一个反应速度控制反应现象的化学体系中，气体在孔隙中或颗粒间的扩散速度是关键参数[LET 65]。在这种情况下，单位表面的氧化反应速度，也就是所谓本征反应活性遵循 Arrhenius 指数型反应规律，其活化能大约为 200~250kJ/mol。受消耗掉的碳质固体的影响，在一个给定氧气压力下的反应速度常数可以差几个数量级[DEK 09]。

探索这些反应机理的基础研究主要基于两点：一是活性表面位点的理念，二是采用各种物理/化学技术分析如何形成复杂的含氧官能团[BOE 01]。煤的碳化或煤化程度越高，甚至有可能石墨化，其反应活性位点的密度越低，尤其是位于基本结构单元芳烃平面边缘上的活性位点（见 3.2.2 节）。我们还要考虑杂质存在的影响，根据煤的特性和燃烧温度，杂质的存在能够抑制或催化氧化反应[LET 65]。

实验室研究已经使我们可以认清这些反应机理，这也基于对煤不完全氧化气化反应产生一氧化碳的研究，还包括前述的 Boudouard 的反应机理，即一氧化碳在 900℃ 左右存在一个平衡点。还请注意这些氧化反应可以发生在液体环境中或者在电化学激励下。其他气体氧化剂可以与氧气发生竞争反应，例如水蒸气、氮氧化物（$NO_x$）和从臭氧中分解产生的更加高活性的原子氧[DEK 09]。

从工业角度看，这些考虑是重要的，因为为了实现煤的快速和完全燃烧必须优化燃烧器的类型。这包括控制反应器中火焰的稳定性和最大量回收释放出来的热量。较早的对于不同类型煤的经验分类参数考虑到所观测到的火焰类型并依据燃烧速度[VAN 61]。因此，在燃煤火电厂，释放出的热量用于生产为汽轮机提供动力的高压水蒸气，以此驱动交流发电机产生电。

所有的这些能量转化在优化的产率条件下进行，同时尽量减少浪费，这是一个多世纪以来大家寻求的最基本目标。为提高燃烧速度，在固定床或流化床反应器的开发上已经完成了很多改进。最近开发了利用纯氧代替空气和利用金属氧化物用作氧气中间体来源（化学循环燃烧）的技术。

### 3.1.3　生产水泥

一个类似的过程被用在水泥工业中，将磨细后的粉煤用作石灰石煅烧过程中所需的燃料，目的是从生石灰中获得氧化钙。在干法生产方法中，原材料在1500~2000℃的回转窑中进行煅烧是生产各种水泥和其他（比如混凝土一类的）建筑材料的主要工艺。全球煤矿生产量的4%~5%被用在了此类重工业中。

# 3.1.4　气化和液化过程

把煤转化成气体烃和液体的技术非常古老。它的原理很简单，但过程很复杂。形成各种成分和煤显微组分的大分子必须进行断裂，通过加氢提高H/C原子比来获得轻质烃类。历史上，18世纪后期 P. Minkelers、P. Lebon 和 A. -L. Lavoisier 的研究工作为这些技术奠定了基础。从煤中提取出的可燃气体开启了煤气灯的使用，照亮了房屋和街道。两个多世纪以来，通过加氢技术将煤转化成气体或合成燃料和利用固体残渣如农业废弃物是几代工程师的追求目标。

## 3.1.4.1　气化技术

由水蒸气和碳发生的吸热反应可以产生合成气，合成气主要由氢气和一氧化碳组成：

$$C+H_2O \longrightarrow CO+H_2 \qquad \Delta H^{\ominus} = +131kJ/mol$$

水煤气或合成气的热值比较低，可用于发电，作为氢气来源或生产合成燃料。这类气体也可以在煤炼焦的热转化过程中产生，见我们碳化学方面的讨论。通过向煤矿注入高压水的地下气化试验已经完成了现场测试。试验完成之后没有出现广泛的工业开发实施，但是它用在了页岩气的开发中[CHI 81]。

为了生产高热值的富煤气，很多研究工作优先进行气化过程的改进。煤加氢技术可以追溯到1915年的Bergius过程，其各种不同变体都是采用部分燃烧的方法来补偿与高温水蒸气反应的吸热量。这些技术被称为热自动补偿，例如连续的Lurgi技术，但是它们必须适应从矿场获得的不同批次煤炭的性质变化[FAU 74]。

## 3.1.4.2　液化技术

这里的主要吸引力是煤转化成合成燃料，主要采用1927年发现的费-托合成过程。水煤气产生后，通常是在铁基和钴基的金属催化剂存在情况下进行可生产重质烃类的合成反应和加氢液化反应。

德国在第二次世界大战期间对这项技术进行了工业开发，后来是在南非。然而费-托合成技术复杂，控制难度大。有必要开展与非均相催化反应优化相关的基础反应机理研究，它仍然对改进过程经济性具有重要作用[VOI 11]。还开发了煤直接液化路线，就是将磨细的粉煤直接溶解在溶剂中进行加氢转化反应而获得液体燃料。目前正在开展的生物质转化成液体燃料的研究是这些化学转化技术的延伸。

## 3.2 碳化学

碳化学可以被定义为天然煤的热化学转化工业。标准过程包括第1章中表述的热解和碳化（见图1.2），生产气体、液体和固体产品。在500℃以上获得的固体残渣被称为半焦，然后在经过大约1200~1500℃的热处理后成为焦炭。它的工业应用开始于300多年前，用作还原元素在高炉中加工矿石生产铁，这方面的内容将在第4章中讨论。我们将看到在温度作用下得到的产品（可能有压力），以及它们在材料方面的发展。其主要阶段见图3.2。

在讨论煤的子类时我们已经了解，在化石资源中天然碳的起源和物理/化学构成起决定作用[CHI 81]。它们是具有很大平均相对分子质量的大分子，起源于主要由纤维素化合物和木质素组成的化石植物和胶质[WHI 78]。与纯物质不同，它们是由不同相对分子质量的分布广泛的分子组成的。这些通过其他化学官能团连接起来的多环芳烃实体能够形成共价键并含有不同的杂原子。

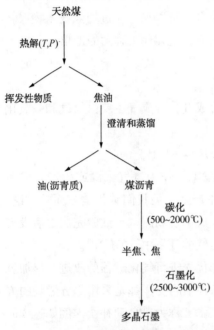

图 3.2 碳化学的主要阶段和残渣生产耐火材料的发展概要

氧和硫是多环芳烃体之间的交联元素，阻碍了前述定义的基本结构单元的发展。Van Krevelen[VAN 61]已经证明，在煤的等级和通过溶解性和结构特点预测的芳香度水平之间存在总体经验相关性，但是地质成因和成熟度仍然是决定因素。无论煤的初始组成如何，各种品种焦炭的生产以及生产沥青的技术发展都有一个标准模式。

在隔绝空气的情况下，1t煤中的炭通过热解可以得到700~800kg半焦，这就是成焦比。还有气体和液体馏出物，有大约300m³的可燃气体，主要由氢气和甲烷组成，但是也含有氮气和碳氧化物，液体主要是粗苯(苯、甲苯、二甲苯)和较大分子的馏分(焦油总计大约是3%)。

## 3.2.1 中间产品：煤焦油和沥青

正如我们所看到的，碳化学的第一阶段产生了可燃气体和各种液体馏分，这取决于热解条件，热解条件随着目标的不同而变化，其中 H/C 原子比升高或减少。为了形成较大平均相对分子质量的分子，在催化过程中热解是不可避免的，可以得到更小的分子或冷凝物。从某些挥发性产物的冷凝物中得到的煤焦油是一个含有芳香烃和杂环化合物的非常复杂的混合物，通过化学处理，氨溶液的澄清分离和切割分馏而分离出来。按照示意图，液体或油性馏出物从残渣相中分离出来，残渣被称为沥青，在室温下是固体，加热后具有热塑性。油性物基本上都是很小的粗苯型芳烃分子，通过烷烃抽提后得到一个被称为沥青质的不溶物，天然具有高的芳香性(平均 H/C 比=0.7~0.8)，与石油中的重质渣油情况类似[TIS 81]。

它们表现出具有一个软化点的热塑性行为，而不是在惰性气氛下通过加热观测到的熔点(采用 Kramer-Sarnow 方法测量的 K-S 点)。这取决于混合物的化学组成，最合适的描述是基于在第 2 章中已经介绍的胶体概念。含有基本结构单元的集团分子组成微胶粒分散在更小的分子中，对应于一个相对分子质量分布广泛的体系[MON 97]。

我们一方面必须考虑它们的化学组成，另一方面还要考虑它们的变化，这取决于热处理条件。仅仅考虑 H/C 原子比的简化化学组成是一个至关重要的参数，根据它们的溶解选择性，组成混合物的分子可以分成三类：

① $\gamma$ 胶质：可溶于甲苯，分子量 200~500g/mol 的分子。

② $\beta$ 胶质：可溶于喹啉，不溶于甲苯，分子量 100~1500g/mol 的分子。

③ $\alpha$ 胶质：不溶于喹啉，分子量超过 1500g/mol 的分子。

软化点一般在 50~300℃，这取决于很多化学因素，尤其是氧和硫的残留含量。通常煤沥青表现出比油沥青更高的芳香度，并且含有小固体颗粒，它的最终的碳收率更高。

碳化过程的主要特点是热塑性沥青的总体变化，可以通过测量黏度的变化来辨别。在挥发性物质释放以后出现了一个不可逆的热化学变化，有两个关键阶段：首先在最低大约 300~400℃出现了黏度降低，紧接着黏度快速增加，在大约

500℃发生了固化，生成了一个被称为半焦的脆性固体。从化学角度看，这些转化生成了大量高平均相对分子质量的α胶质。

第二个关键点是黏弹相的特点，通过在偏光显微镜下观察可以观测到各相同性或有一定的纹理取向。这些有取向性的分子区域，以微米结构尺度的小球体形式存在，形成一个被称为盘状液晶的相（有芳香核以及像盘子一样堆叠在一起的分子）。这种行为类似于大分子和小分子的分层，具有 Brooks 和 Taylor 在 1965 年发现的碳质中间相的特点[MOC 01]。

从流变学的角度对沥青表观黏度的原位测定进行了广泛的研究，它呈现出一种定向有序分子的行为变化。随后中间相小球体在 450℃黏度最高点时发生了融并，如图 3.3 所示。

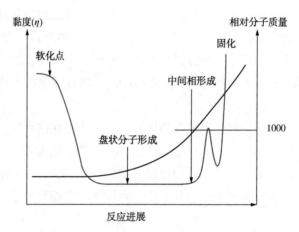

图 3.3　碳质中间相表观黏度随着反应进展的变化，反应进展取决于反应温度及所经历的热处理时间，用平均相对分子质量的变化表征（改编自 I. Mochida 等[MOC 01]）

这个独特相态的特性取决于它的原料来源和制备过程，出现在固化过程之前，与其有关的聚合反应导致了这些多环芳烃基团平均相对分子质量的增加，超过了 1000[SIN 69]。对独特相态的控制是生产各种类型石墨化材料的关键，石墨材料的生产还需要后续的热处理[MOC 01]。

## 3.2.2　固相原材料：焦炭和人造石墨

超过 500℃形成的残渣固体是一个半焦产品，它是一个脆性固体产品，含有高达 90%的碳和残留杂原子（H、O、N、S），以及由矿物质形成的灰分。贯穿于钢铁工业的发展过程，在 19 世纪采用特选质量的煤在焦炉中生产这些产品得到了广泛的应用发展[LEC 08]。经过高于500℃热处理后得到的固化残渣也称为原焦或生焦,最终的工业产品需要经过大约1200~1500℃热处理后得到,这个温度接近二次碳化阶段的终点。煅烧被用于提高焦炭产率,主要通过控制它们的气孔率和机械性能以及水蒸气处理或者初步氧化的影响[BAS 05]。大量研究的主题是对生产进行优化,这取决于矿物来源地和目标用途,这些产品被称为冶金焦[GRA 97]。最早的技术开发出现在19世纪末,例如采用Carré过程生产电极和Siemens创造的第一个工业电炉,以及后来的Søderberg技术,该技术现在还在使用。

这些具有耐火性质的材料在工业上被大量应用,又被称为人造石墨,由碳粉和黏结剂制成中间产品后经受高温热处理来生产[MAI 84]。由煤焦炭生产这些多晶石墨和多种颗粒石墨,或者有时由不同颗粒的无烟煤来生产。我们将在第5章中看到,在开始所用焦炭的特性、纯度、颗粒分布以及制备技术是控制最终样品的总体各相同性的关键[RAN 01]。在特殊应用情况下需要特殊产品,例如电刷和电弧电极,或者通过焦耳效应工作的石墨化炉(Acheson炉)[MAI 84]。

# 3.3 煤资源的利用

从技术经济的观点看,天然煤作为一次能源的作用,而且是一个特定的矿资源,仍然是至为重要的。区分化石资源在地下的全球储量和在技术和经济上的可开采量的不同是非常重要的。这就是我们在当前能源供应背景下要研究的内容,其中很多或多或少是令人信服的。

## 3.3.1 一次能源

首先,我们简要回顾一下化石资源探明储量的预测可持续使用时间,这取决于专业知识来源,而且也取决于世界能源消耗预测。采用当前的开发技术,已证实的可采煤炭储量将至少可持续使用150~200年,而这要归因于天然气将能延续使用大约60~70年,石油仅能延续使用50年,石油已经过了生产顶峰[NIC 04]。最后我们补充一点,利用当前核反应堆技术,在21世纪末大型相对富铀的矿资源将耗尽。我们必须转向具有循环再生的新一代技术来更好利用矿物的能量潜力,而且特别需要着手解决放射性废物的问题。

当前经济和人口的增长情况见图3.4,其中展示了21世纪可信的生产峰值,该图考虑了全球人口平均增长，到21世纪中叶人口将达到大约90亿的顶峰[NIC 04]。因此，经过三个或四个世纪的化石资源的集中开发，可再生和可持续能源的出现已成为必然要求，尽管全球能源替代解决方案尚未实施。

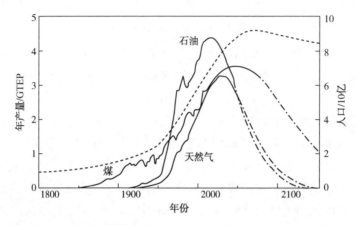

图3.4 21世纪化石能源的预计产量与全球人口预计平均增长之间的关系（右边的刻度和点虚线）。以10亿人口或10亿吨石油当量（GTEP）计量，显示出石油生产峰值已过去，天然气大约在2030年，煤炭大约在2040年（改编自 A. Nicolas[NIC 04]）

在此背景下，尽管煤炭是地球上最丰富的化石能源来源，我们可以预见无论如何煤炭开采枯竭迟早难以避免。请注意低吨位但具有重要经济价值的石墨和钻石矿资源也将遵循类似的规律。实际上，根据国际能源机构（IEA）统计，2010年全球的煤炭年产量大约是 $(60 \sim 70) \times 10^8 t$。它几乎相当于所有一次能源的30%，目前仍在继续增长。

### 3.3.1.1 煤作为一次能源的优缺点

正如我们所看到的，煤炭在始于18世纪的第一次工业革命中发挥了主要作用，煤炭释放出的热量转化成了机械能。当前，开采出来的煤炭超过一半被用于电厂发电，贡献了全球约四分之一的产量。相比于气体和液体资源，煤炭采矿作业和经营效率比较低，成本比较高，质量也不稳定，开采出来的还经常是低级煤，这些都是不利因素。然而，与煤炭燃烧相关的最主要问题仍然是二氧化碳的排放问题，在给定热值的情况下其排放量大约是石油和天然气排放水平的2倍（见表3.1）。存在其他污染物，甲烷、氮和硫的衍生物、烟和灰，助推温室气体的增加和碳自然循环的改变（见图1.1）。目前正努力控制火电厂各种污染物的排放，但是不能完全把它们消除。

### 3.3.1.2 能量储存和转换新技术

这也在两个要点上涉及煤：第一点关系到在 3.1.4 节提到的煤的气化和液化。这些转换过程的改进产生了新的前景。它们与生物燃料，尤其是通过农业废弃物甲烷化获得的沼气形成竞争[NIC 04]。第二点涉及用作能量载体的氢气的生产。实际上该领域被宣称为未来能源领域，因为它为燃料电池的更新、电联产、通过合成水分子产生热、光合作用的逆过程提供了非常大的可能性。它所具有的巨大的优势是没有温室气体排放，但是目前通过水的光解作用合成氢气不是一个经济上可行的方案。这也是为什么采用低品质煤一类的化石燃料经过自热重整技术生产氢气是可行的[CLE 05]。煤的这些利用不仅消耗资源而且对环境持续产生负面影响。

## 3.3.2 碳化学和碳材料的未来

如 3.2 节所述，碳化学促进了焦炭和用于工业上的各种子类化学产品的发展。在 20 世纪后半叶这些活动被石油化学所取代，随着传统石油开发的指数级增长，石油化学得到巨大发展。随着石油资源的快速消耗，为了满足传统需求，煤的化学转化可能会重新增长，但会与生物质保持竞争关系。实际上如氨、烯烃和芳烃一类的化学产品以及煤焦油和沥青是常规化学工业不可缺少的基础原料。

涉及碳材料的发展将在第 4 章中介绍，特别是焦炭在钢铁工业中的应用。石墨碳材料在传统工业中被大量使用：电解用的电极、电热电阻和电刷，以及利用它们低化学反应特性的坩埚和模具[RAN 01]。另外一个应用领域涉及热机械和摩擦领域的润滑材料。

最后再次回到能量转换，碳材料被用作核裂变反应堆中的中子减速剂，另外一个领域是用于能量的电化学储存。石墨被用于生产在 19 世纪早期发明的 Leclanché 型碱性电池，以及锂电池和燃料电池的双极板[WIL 06]，但这方面未做详细说明。这份清单并非详尽无遗，但是展示了可服务市场的多样性和拥有可靠碳元素资源的必要性。

# 3.4 总结和要点

天然碳资源作为矿石原料在全球经济中的作用是不容忽视的，既可作为一次能源，又可作为化学转化或利用的原料。因此，我们回顾了热力学中能量的一般概念，以及必要的能源转换和储存相关的问题。这种能源和材料之间的共生关系表明技术开发先于基础知识，但是这些知识成为开发新用途的必要条件。我们总结出以下两点：

① 天然煤是储量最丰富的化石能源，还是世界上主要的发电资源；尽管新技术可以让我们减少和控制温室气体排放，但是它们的燃烧必然会造成污染。国际能源机构指出天然煤在 21 世纪的第一个 10 年中表现出强劲的增长，预测产量将进一步增长，在未来 30 年可能达到 65%。

② 煤炭作为材料的发展和应用相对其总产量占比较低，大约每年几亿吨 [RAN 01]，但是它们对化学工业至关重要；这些包括用于冶金行业的高品质煤炭，我们将在第 4 章中看到。

## 参 考 文 献

[BAL 01] R. BALIAN, Physique fondamentale et énergétique: les multiples visages de l'énergie, t01/125, available online at: http://in2p3.fr/2001/balian.doc, 2001.

[BAS 65] M. BASTICK, P. CHICHE, J. RAPPENEAU, Chapter 15, in A. PACAULT (ed.), Les Carbones, volume 2, pp. 161-232, librairie Masson, Paris, 1965.

[BOE 01] H. P. BOEHM, Chapter 7, in P. DELHAES (ed.), World of Carbon: Graphite and Precursors, Gordon and Breach Science Publishers, pp. 141-178, 2001.

[BRO 09] P. BROUZENC, L'actualité chimique, vol. 336, pp. 49-53, 2009.

[CHI 81] P. CHICHE, Images de la Chimie, suppl. 41, pp. 5-14, CNRS, 1981.

[CLE 05] "L'hydrogène, les nouvelles techniques de l'énergie", Clefs - CEA, no. 50/51, 2004-2005.

[CLI 09] T. CLIFTON, P. FEREIRA, Pour la Science, vol. 382, pp. 20-27, 2009.

[DEK 09] P. DELHAES, "Phénomènes de surface et applications", Chapter 2, Solides et matériaux carbonés, volume 3, Hermès-Lavoisier, 2009.

[FAU 74] J. FAUCOUNAU, La Recherche, vol. 51, pp. 1062-1071, 1974.

[GLA 71] P. GLANSDORFF, I. PRIGOGINE, Structure, stabilité et fluctuations, Masson et Cie, Paris, 1971.

[GRA 97] R. J. GRAY, K. C. KRUPINSKI, Chapter 7, in H. MARSH, E. A. HEINTZ, F. RODRIGUEZ-REINOSO (ed.), Introduction to Carbon Technologies, Publicationes de la Universade de Alicante, pp. 329-423, 1997.

[LEC 08] H. LE CHATELIER, Le Carbone, Dunod and Pinat, Paris, 1908.

[LET 65] M. LETORT, X. DUVAL, L. BONNETAIN, G. HOYNANT, Chapters 16 and 17, in

A. PACAULT(ed.), Les Carbones, volume 2, Masson, Paris, pp. 234–385, 1965.

[MAI 84] J. MAIRE, Journal de Chimie Physique(Bordeaux Carbon Conference 1984), vol. 81, no. 11/12, pp. 769–778, 1984.

[MAL 10] D. MALAKOFF, J. YESTON, J. SMITH, Science, vol. 329, no. 5993, pp. 779–803, 2010.

[MAR 95] A. MARCHAND, A. PACAULT, La thermodynamique mot à mot, DeBoeck–Wesmael, Brussels, 1995.

[MOC 01] I. MOCHIDA, Y. KORAI, Y-G WANG, S-H HONG, Chapter 10, in P. DELHAES, World of Carbon: Graphite and Precursors, Gordon and Breach Science Publishers, pp. 221–247, 2001.

[MON 97] M. MONTHIOUX, Chapter 4, in P. BERNIER, S. LEFRANT(eds), Le carbone dans tous ses états, Gordon and Breach Science Publishers, pp. 127–182, 1997.

[NIC 04] A. NICOLAS, 2050 Rendez vous à risque, Belin, Paris, 2004.

[RAN 01] B. RAND, Chapter 6, in P. DELHAES(ed.), World of Carbon: Graphite and Precursors, Gordon and Breach Science Publishers, pp. 111–139, 2001.

[SIN 69] L. S SINGER, "Aspects fondamentaux de la carbonisation et de la graphitation", Journal de Chimie Physique, pp. 21–27, special issue, April 1969.

[TIS 81] B. TISSOT, Revue de l'institut français du pétrole, vol. 36, no. 4, pp. 429–446, 1981.

[VAN 61] D. W. VAN KREVELEN, Coal, Elsevier Publishing Company, 1961.

[VOI 11] B. VOILLEQUIN, F. LUCK, L'Actualité Chimique, vol. 350, pp. 16–25, 2011.

[WHI 78] D. D. WHITEHURST, Chapter 1, in J. W. LARSEN (ed.), Organic Chemistry of Coal, ACS symposium series, vol. 71, pp. 1–35, 1978.

[WIL 06] H–A. WILHEM, J. L'Heureux L'Actualité Chimique, vol. 295–296, pp. 19–22, 2006.

# 第4章 | 碳在冶金行业中的作用

我们在第 1 章历史综述中提到，碳在化学制备金属中特别是制备铁中发挥着关键作用。为了理解这一点，我们必须学习地球化学，它涉及地壳形成中的各种物理/化学过程。氧是迄今为止地球上最丰富的元素，其次是硅、铝和铁。因此，由此产生的主要后果就是几乎所有金属矿藏都是以金属氧化物的形式或其他含氧化合物(有时也包括硫酸盐)的形式存在，只有少数几种贵金属属于例外，它们是以自然金属状态存在的。

从铁和铝的氧化物以及二氧化硅出发，碳作为强大的还原剂用于生产纯单质，同时伴随 $CO_2$ 排放。这些化学反应是冶金学的基础，与有关物理法分离单质元素方法有明显不同。

区分形成稳定碳化物或将碳元素溶解在合金中的反应与那些不会最终形成碳化物的反应是非常必要的。碳在固态化学中的根本区别导致需要在高温下采用不同的技术方案，而所有的这些技术方案的实现都需要大量的能量。我们将通过研究钢铁行业的不同工况来探究其各自的特征，既有涉及生产铸铁和钢铁的复杂问题，也有电解铝和冶炼硅的生产。在讨论这些主要行业的活动之后，我们在最后一部分专门讨论碳特别是碳化物结束碳化学反应性有关的内容。

基于碳转化化学的行业技术发展促进了各种碳材料生产过程的更新和改进，我们将在第 5 章进行讨论。

## 4.1  钢铁行业的起源及演变

钢铁行业，特别是铁的冶炼技术，是一个教科书级案例，由于它展示了碳的根本作用以及相关技术的难度，需要几个世纪去攻关研究[PAN 48]。

基于所谓的渗碳处理过程——铁的增碳过程，钢铁以及含碳合金的实际生产技术仍在不断进步。然而时至今日，对铁-碳两相相图的热力学认识才真正用于指导技术进步。

为了回顾与该行业发展相关的基本化学反应，在下面的表框4.1中我们从热力学出发对这种类型相关相图进行了概述。图4.1展示了钢和铸铁在不同温度下不同碳含量的晶相变化以及碳化铁相的鉴别确认。

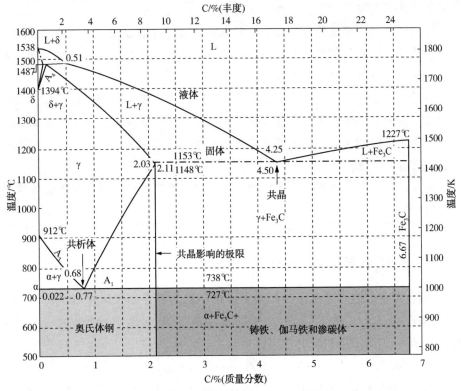

图4.1 常压下随着碳含量变化的铁-碳二元相图

（改编自 G. Chaudron 等［CHA 67］）

**表框4.1 铁-碳二元相图**

图4.1展示了在表框3.1中定义的热力学平衡状态下各种相态的稳定存在的范围。

这张图是在常压下绘制的，基于碳原子浓度，在纵坐标显示了液相和固相之间的相变温度。我们可以从该图明确看到碳含量2.1%两侧的两个主要区域。碳含量为4.3%时存在一个低共熔点，在这点上有两个固相和一个液相。由于不同固相之间的转换，在比较低的碳含量0.8%时出现类低共熔体。它们受相态变化规则的Gibbs关系控制。由于铁可以以各种同素异形体的形式存在，并且可以与碳反应生成不同的碳化物，因此该相图相对比较复杂。

随着温度的升高，铁的晶相分别被称为 $\alpha$、$\gamma$ 和 $\delta$ 相，它们都是立方晶体结构，熔点在 1530℃ 左右。铁的碳化物和其他物质在 $\alpha$ 铁(铁素体、马氏体)、$\gamma$ 铁(碳存在下的奥氏体)以及包括渗碳体($C_3Fe$)中形成固体共析溶液。这些不同的可能性构成了相图，如图 4.1 所示。

几个世纪以来积累的经验知识已经从这个热力学图的建立中得到了解释。因此，铸铁是碳含量超过 2.1% 的铁-碳合金。我们通常将其分成两种类型：含有渗碳体的白口铸铁和含石墨颗粒的灰铸铁。

钢是一种含碳量很低但含有其他化学成分的铸铁产品，例如由制备过程带来的硫或磷杂质，还有为了改善性能添加的其他元素。这些元素尤其是铝、硅和钙，改变了钢的性质。它的经济重要性与以下事实有关：一般来说，钢比铁硬，但没有铸铁脆。

最后，这个例子是典型的传统知识，它被经典热力学的概念和发展所阐明和扩展。

## 4.1.1 铸铁和钢的工业生产

含铁化合物的冶炼是基于在高温下使用一氧化碳还原氧化物[CHA 67]。最常见的情况是 $Fe_2O_3$ 被置于给定的 Boudouard 平衡条件下，此时 CO 在大约 1000℃ 时是稳定的(见第 3 章)，可以得到：

$$Fe_2O_3 + 3CO \longrightarrow 2Fe + 3CO_2$$

在这个吸热碳还原反应中，当然还有二氧化碳的排放，它是涉及温室效应的主要气体。为了最大限度地消耗矿石并确保铁的高产量，生产操作是在碳过量的情况下进行的。

在这种条件下金属中的碳溶解度达到了饱和状态并形成铸铁(见图 4.1 中的二元相图)。然后，在第二阶段，对铸铁进行精制并通过脱碳处理的方法降低碳含量水平，得到最终产品钢。

在传统方法中，铁矿石采用木炭加热，并且有时会吹入空气[CHA 67]。由此产生的铁在相对较低的温度下是柔软的，它没有大量地渗碳过程，可以用于锻造。采用高温炉的工业技术主要是在 19 世纪开发的，特别是使用 Bessemer 转炉或其他改进型设备。

如图 4.2 所示，铁矿石和冶金焦被运送到高温炉顶部，空气在炉缸上部通过一个换热器加热后吹入。在大约 1200℃ 得到具有比铁的熔点还低的液态铸铁和由矿物质氧化物形成的炉渣，并收集在炉底。然后，这种铸铁在转炉中进行精炼，为了控制钢的组成，采用一种基本的脱碳净化工艺，并去除硅、锰和其他杂质。根据预期的用途，可能还要添加其他金属，使我们能够得到的钢产品具有变化的或细微差异的化学组成。

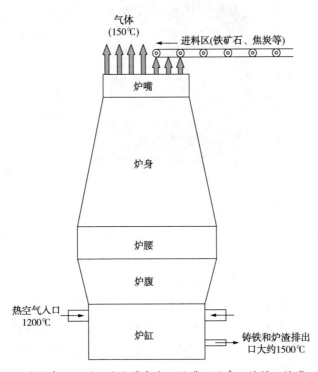

图4.2　典型高温炉的五个主要部分：炉嘴、炉身、炉腰、炉腹、炉缸

　　另一种方法是获得精炼钢的电弧炉技术，该技术用到石墨电极（见图4.3），与生产铝的工艺过程类似，这一过程将在下一部分进行介绍。得益于 Siemens 电气技术，电冶金学家已对石墨碳电极生产技术进行了升级。实际上，多晶石墨是一种弹性材料，能够承受极端的热冲击和机械冲击。

## 4.1.2　钢铁行业中的碳

　　在第一阶段，在高温炉中焦炭形成 CO 而成为矿石的还原气体，随后 CO 在高温下被氧化成 $CO_2$。在工业发展过程中主要原料变成了煤焦。由于来源不同这种天然资源也有较大的变化，其中存在的外来杂原子和其多孔结构是控制其化学反应的关键参数。

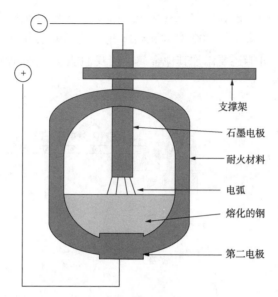

右侧标注（从上到下）：
支撑架
石墨电极
耐火材料
电弧
熔化的钢
第二电极

图 4.3 炼钢用电弧炉（源自 M. Inagaki[INA 01]）

这个还原过程被作为 Fe-C-O 热力学系统研究的一部分[CHA 67]。它们在气化过程中的化学反应性和抗机械力性能是高温炉正常运行的关键因素[CHI 65]。这就是为什么一个多世纪以来，人们进行了大量旨在优化和改进冶金焦炭和石墨电极制造的研究。进行这种还原需要碳的量是铁或其合金产量的一半。然而，当前大约一半的钢铁产量来自铸铁和钢的循环利用。预测的钢铁全球年产量为 $(13 \sim 14) \times 10^8 t$，冶金焦的产量大约是 $3.5 \times 10^8 t$。仅有一小部分高品质的天然煤适合于此类用途[ZAN 97]。

# 4.2 铝的生产

## 4.2.1 电解槽

有色金属的工业生产可以追溯到 1886 年的 Hall-Héroult 技术发明。这种电化学过程是使用碳素阳极从一种叫作铝矾土的矿石中还原氧化铝，在约 950 ~ 1000℃ 的 $Na_3AlF_6$ 冰晶石溶液中进行的[ALL06]。

$$2AlO_3 + 3C \longrightarrow 4Al + 3CO_2$$

在获得液体金属的同时释放出二氧化碳，但是没有碳化物形成。铝沉积在由碳素制成的阴极砖块的表面，并定期泵入铸造槽中。复杂的副反应也会伴随发生，涉及碱金属和卤素，必须对其进行控制以减少电极的消耗。这个设备需要消耗大量的电能，见示意图 4.4，这是已成熟的工业化装置变体之一[LEG 92]。

　　一种变体是 Sønderberg 工艺，在该工艺中阳极是由焦炭和作为黏结剂的沥青制成的糊状物，连续进料并在产生气体前进行原位热处理。这种能量增益的缺点是释放出更多气态的多环芳烃分子(PAH)，这种气体被认为是具有遗传毒性的。

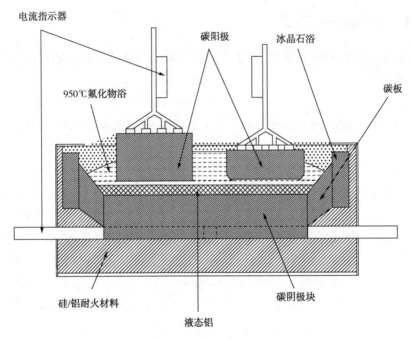

图 4.4　铝电解槽剖面图(改编自 A. Legendre[LEG 92])

## 4.2.2　制铝业中的碳

　　用于铝电解槽的碳材料是耐火材料，特别是石墨碳和多晶石墨[ALL 06]。主要原料为无烟煤，通过气态工艺在 1200℃ 左右煅烧，或通过电加工在 1600℃ 左右煅烧，其基本目标是使电极能够导电。为了制造人造石墨采用的工艺与之类似，在 2800℃ 电炉中进行额外的石墨化。在获得更好导电性能的同时改善其传热性能。这些人造石墨电极具有较高的热机械性能，可减少电解槽中的腐蚀，因此释放的气体较少。目前阳极在三周内消耗掉，而阴极砖块和阴极板(见图 4.4)通过限制副化学反应发生可维持数年。

目前估计生产 1t 铝大约需要 450kg 碳。2010 年全球铝产量约为 $4200 \times 10^4 t$，其中只有四分之一来自二次生产、收集和循环利用，这一比例正在迅速增加。这个过程中碳的消耗量约为 $1500 \times 10^4 t$，远远少于生产铸铁和钢所需要的量。

# 4.3 硅的生产

## 4.3.1 冶金硅的获取

硅的制备是在 1800~2000℃ 左右的高温下对二氧化硅进行碳还原，相应的表观反应式如下：

$$SiO_2 + C \longrightarrow Si + CO_2$$

电弧过程就像炼钢一样消耗碳电极（见图 4.3），产生所谓的冶金硅，纯度为 99%。

硅与铁一样也有碳化物的形成，必须充分考虑 Si-O-C 热力学系统，因为有关化学反应更为复杂[INA 01]。在 1000℃ 以下应该考虑到 Boudouard 平衡的影响，会形成在环境温度下不稳定的一氧化硅（SiO），尤其是碳化硅（SiC），又称金刚砂，这是一种在自然状态下不会独立存在的化合物。对其热力学相图的研究表明，必须超过硅的熔化温度（1410℃），才能改变硅形成碳化物之间的平衡，获得纯净的硅元素。硅的应用领域涉及铝-硅和铁-硅合金，以及被称为硅酮的塑料家族，特别是在电子和光伏产业中，硅将太阳的辐射能转化为电能。对于在快速发展的电子及光伏产业中的应用，硅必须具有超级纯度（99.999%）。最终结晶硅是通过氯试剂的还原而获得的，然后作为准备切割的单晶样品（这是 Czochralski 晶体生长技术）。

## 4.3.2 碳电极

圆柱形多晶石墨电极被置于含有二氧化硅的坩埚中。它们传导必要的电能以在电弧形成区域获得高温，在此条件下碳会还原二氧化硅。这两种材料都必须是高纯度的，获得的硅以液体形式收集在容器中，在容器中进行精炼以去除铝和钙杂质，最后铸造成硅锭。此外，高密度多晶人造石墨坩埚用于冶金硅的提纯，并获得纯净的、半导体级别的结晶或无定形相[KAW 00]。由于获得这种冶金硅需要消耗大约一半质量的纯碳，2010 年全球产量为 $690 \times 10^4 t$，回收利用率很低，因此约 $350 \times 10^4 t$ 碳用于二氧化硅的碳还原。

# 4.4 金属碳化物

金属碳化物是碳与金属和半导体形成有关的化合物，具有重要的技术意义。最早的工作是由 Moissan 完成的，他利用一个电炉在可控气氛中进行高温化学实验，完成了几种金属碳化物的合成[LEC 08]。这些碳还原反应与工业规模生产相比，在数量上是微不足道的，也是碳还原反应的一小部分。从这些基础工作中，我们可以从生产高度稳定的耐火材料中，认识不稳定的和难以合成的碳化物生产。

## 4.4.1 乙炔的合成

正如我们在引言中所述，一些金属不会形成碳化物或溶解碳，而有一些金属则会形成不太稳定的碳化物，容易与水反应。铝和碱土元素形成的碳化物就是这种情况。一个有趣的例子是碳化钙，它是生产乙炔的基础原料。水泥厂中使用的生石灰（CaO）在高温炉中加热至 2000℃ 左右时被焦炭还原，形成可水解的电石（$CaC_2$），水解反应式为：

$$CaC_2 + 2H_2O \longrightarrow C_2H_2 + Ca(OH)_2$$

形成的乙炔是化学工业中用于合成某些聚合物的基础原料。

## 4.4.2 碳化物耐火材料

在高温下稳定的碳化物在性质上是高度耐火的[ALB 60]。上述碳化硅就是这种情况，Acheson 在电炉中实现了合成碳化硅工业化，他称之为金刚砂。这种固体是通过焦炭和二氧化硅之间胶结反应过程而获得的，是在工业中使用的耐火材料，因为它的氧化速度要低于碳材料。每年大约生产 $100 \times 10^4 t$ 这种化合物。

其他立方结构的碳化物显示出类似的耐火性和硬度，熔点高于 2000℃。包括元素周期表第四副族和第五副族中元素的碳化物，特别是钛、锆和铪的碳化物，它们在高温下表现出良好的机械性能，可以作为碳的抗氧化保护元素。实际上，这些固体显示出类似于石墨甚至人造钻石的特征，这将在第 5 章讨论。

# 4.5 总结和要点

在本章中，我们讨论了碳作为一种中间产品，大量用于从金属和半导体的天然氧化物中还原和分离金属和半导体。目前对固体化学的认识使我们得以优化这些高耗能的新技术。使用量最大的是传统的重工业，包括冶金焦和多晶石墨。在工业发展的各个阶段，随着铁、铝、硅的相继工业生产，碳发挥了根本性作用。对涉及的三个主要领域的经济分析证实了这一事实[USG 12]。

应当回顾三个要点：

① 这些化学还原具有巨大的能量需求，因为它们是吸热的并在高温下发生。现代冶金的发展始于 19 世纪中叶，处于工业革命的第二阶段。这在很大程度上是由于高温电炉的完善，这在铸铁和钢的发展历史上也是至关重要的[BÉR 94]。它表明电作为能量载体对这些新技术的控制和发展发挥了关键作用。

② 来自煤矿或重油残渣的焦炭数量巨大，主要用于钢铁生产（占总量的95%）。因此天然优质煤矿的储量对于继续这种生产是必不可少的，而其他还原性化学元素如氢气和氯气等可用资源量少，也不经济。

③ 这些反应的总体结果是产生二氧化碳，它是主要的温室气体。如第 1 章所示，与二氧化碳相关的估计排放量约为 $13 \times 10^8 t$，或约为人类生产年度排放量的 15%~20%。总的年度排放量包括水泥厂和发电厂产生的 $CO_2$ 排放。

## 参 考 文 献

[ALB 60] PH. ALBERT, A. CHRÉTIEN, J. FLAMANT, W. FREUNDLICH, Chapter 4, in P. PASCAL(ed.), Nouveau traité de chimie minérale, volume 9, Masson, Paris, 1960.

[ALL 06] B. ALLARD, L'actualité Chimique, vol. 295-296, pp. 67-70, 2006.

[BÉR 94] G. BÉRANGER, G. HENRY, G. SANZ, Le livre de l'acier, Lavoisier, Paris, 1994.

[CHA 67] G. CHAUDRON, H. MASSIOT, A. MICHEL, H. MONDANGE, P. PASCAL, S. TALBOT-BESNARD, Nouveau traité de chimie minérale, volume 17, Masson, Paris, 1967.

[CHI 65] P. CHICHE, Chapter 15, in A. PACAULT(ed.), Les Carbones, volume 2, Masson, Paris, pp. 178-194, 1965.

[INA 01] M. INAGAKI, Chapter 8, in P. DELHAES(ed.), World of Carbon: Graphites and Precursors, volume 1, Gordon and Breach Science Publishers, pp. 179-198, 2001.

[KAW 00] M. KAWAKAMI, K. KURODA, I. MOCHIDA, Chapter 4, in H. MARSH, F. RO-

DRIGUEZ-REINOSO ( eds ) , Sciences of Carbon Materials, Publicaciones de la Universidade de Alicante, pp. 149–172, 2000.

[ LEC 08 ] H. LE CHATELIER, Leçons sur le Carbone, Dunot and Pinat, Paris, 1908.

[ LEG 92 ] A. LEGENDRE, Le matériau carbone, Eyrolles, Paris, 1992.

[ PAN 48 ] C. PANNETIER, Traité élémentaire de chimie, 24th edition, Masson, Paris, 1948.

[ USG 12 ] USGS, USGS mineral resource program, available online at: http://minerals.usgs.gov, 2012.

[ ZAN 97 ] M. ZANDER, Chapter 8, in H. MARSH, E. A. HEITZ, F. RODRIGUEZ-REINOSO, Introduction to Carbon Technologies, Publicaciones de la Universidade de Alicante, pp. 425–459, 1997.

# 第5章 | 黑瓷和白瓷

在第 4 章我们看到一些碳质固体以大块状态存在时显示出耐火特性。这些物质可以被定义为属于古老传统的特殊陶瓷。

中华文明特别是瓷器的创造，对陶瓷的发展起了决定性的作用。它比冶金术更加古老。初始工艺过程首先应用在矿物氧化物领域，通过在高温下烘焙来塑造物体，然后通过烧结增强其强度。

19 世纪这种方法随着专门用于工业用途的技术陶瓷的出现而得到进一步发展。这就是 1842 年 R. W. Bunsen（布森）基于煤焦炭制备出石墨碳电极并将其用在电化学电池中的例子。正如 A. Legendre 指出的那样[LEG 92]，这是第一个化学反应性低的碳材料的起始点。这些被称为黑色陶瓷的碳材料是导电体，但传统陶瓷并不导电。

本章将讨论这种新的大块状固体，就其制备和应用领域而言其代表了一个新的技术阶段。我们将考虑其中的 3 个主要类型：首先讨论各向同性碳，一方面它是通过碳化学生产的致密多晶或多晶石墨，另一方面是所谓的玻璃碳。然后讨论整体定向、各向异性的整块固体的更具体的例子，包括通过化学气相沉积法（CVD）生产的热解碳和通过石墨化后热处理得到的热解石墨。最后讨论白色陶瓷，即类金刚石碳（DLC）相的薄膜和沉积物显示出与天然金刚石相似的物理特性。这些是电绝缘材料，但是它们是很好的导热体，同时很坚硬并具有高化学惰性。

## 5.1 石墨和各向同性碳

这种材料由基本结构单元组成，形成随机分布的微晶和晶粒。从平均结果看，生成的固体显示出各向同性特征。

六角结构的石墨具有各向异性的物理性质，这种性质必须以多晶或多晶整体的随机分布平均得到，其中每一个晶粒由几个微晶和BSU组成。这需要相应的制备技术，其在第3章(见图3.2)主线中已经讨论。在列出主要应用领域之前，我们现在将讨论制备技术。

## 5.1.1 人造石墨的制备

几年前J. Maire[MAI 84]概括了工业过程发展的情况。现在我们讨论主要阶段，包括根据应用所需的一些变体。这些主要步骤、主要原料的选择、配方和热处理如图5.1所示。

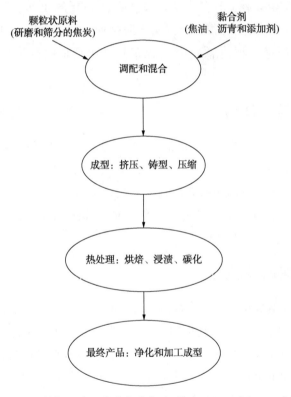

图5.1 制备人造石墨的主要步骤(摘自J. Maire[MAI 84])

### 5.1.1.1 主要原料

主要原料为煤或石油焦，对于更特殊的用途，可使用炭黑或天然石墨薄片。这里将特别关注第3章讨论的从炼焦得到的煤沥青。根据煤的来源和质量以及所采用的工艺过程，可得到不同的焦炭，包括可石墨化、低孔隙的软焦(针状焦)

或者不可石墨化、多孔的硬炭[MAI 84]。采用光学显微镜技术对不同尺度上的纹理进行分析，可以将其区分开来[GRA 97]。最后，采用研磨和筛分来筛选从几十纳米到 $10\mu m$ 左右的不同平均尺寸的颗粒。然后加入黏结剂，一般为热塑性沥青或适合的焦油，以及聚合物添加剂（例如酚醛树脂）。寻求的主要目标是与高成焦率相关的低黏度和好的湿润度[GRA 97]。

### 5.1.1.2 配比，混合和成型

将焦炭和黏结剂按比例进行混合，通过加热形成黏稠糊状物，然后进行有效的混合以获得均匀混合物，这是在成型操作以前必要的工作。采用以下三个步骤：旋转混捏，它使颗粒沿着挤压方向定向排列；塑造，获得炭块所需的准最后形状；等静压压缩，促进颗粒随机分布，以达到最终高密度和无显著残余孔隙。

### 5.1.1.3 热处理(HTT)

在 300℃ 左右烘焙，然后在 1000℃ 碳化，使挥发性物质从黏结剂中释放出来，同时发生表面烧结现象。实际上，产品必须经历一次或多次沥青浸渍循环，以增加其最终的密度，并减少残余的孔隙。最后，在西门子工业炉中在 3000℃ 左右进行石墨化，产生具有最小各向异性的可加工多晶石墨。这取决于颗粒的性质、形状和尺寸以及成型技术。

## 5.1.2  一般物理性质

为了理解对人造碳第一系列产品的关注，我们必须使用 Legendre 介绍的如图 5.2 所示的方法[LEG 92]，对其物理/化学特性进行概述。作为工业陶瓷的特殊性在于这些材料同时是电和热的良导体。此外，这些材料可作为核裂变反应堆中中子的减速剂。除了存在氧化环境的情况下，这些材料也显示出良好的化学惰性和抗腐蚀性，同时易于加工和轻量化。

为了说明这些物理性质，表 5.1 收集了几个重要的固有性质，并将其与作为参考固体的石墨单晶对比。同时，列出了下一节讨论的玻璃碳的典型尺寸。为此，我们列出了在室温下沿两个主要方向的已知值，即沿石墨水平和垂直方向（沿晶轴 $a$ 和 $c$）。它们显示出石墨各向异性的固有特性，其被晶粒或微晶的随机分布效应所补偿。

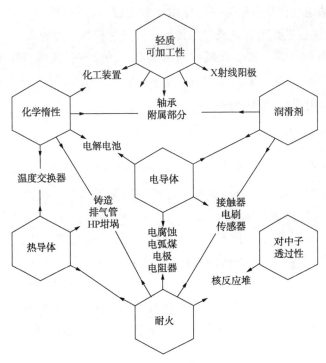

图 5.2　开发的主要应用的物理或化学性质组合

（摘自 A. Legendre［LEG 92］）

**表 5.1　室温下测得的各向同性碳材料的平均密度和热、机械和电特性，以石墨单晶在石墨水平和垂直方向上的测定值作参考**

| 碳材料 | 石墨单晶(轴 $a$ 和 $c$) | 多晶石墨 | 高密度石墨 | 玻璃碳 |
|---|---|---|---|---|
| 真密度或表观密度/( g/cm$^3$ ) | 2.26 | 1.7~1.8 | 1.9~2.0 | 1.45 |
| 弹性模量/GPa | 1000 和 35 | 10~20 | 25 | 30 |
| 导热率/［W/( m・K )］ | 2000 和 10 | 160~200 | >200 | 5~10 |
| 膨胀系数/($10^{-6}$/K) | −1 和 30 | 6~8 | 5 | 4 |
| 电阻率/μΩ・m | >1 和 $10^6$ | 100 | 200 | 5 |

由表 5.1 可知：

① 单晶特性的固有各向异性是由热传导系数和导电系数的主要值引起的，这些系数在线性区域内是个弹性常数，在线性区域内应变对施加的机械应力呈比例关系。最后，对于维度热膨胀，通过统计分布效应对平面中存在的小收缩进行消除和加权。

② 在多晶或多颗粒石墨中，这不是简单的平均，因为我们处理的是多相非

均相系统。黏结剂和残余孔隙率的作用非常关键（与石墨比较，其具有较低的表观密度值）。这些界面阻碍电或热的传导，并且为机械应力的弱点。

③ 在能导致开裂、扩展和断裂的强大机械约束下，这些石墨的破裂行为是脆弱的[ROU 06]。这一关键现象取决于残余孔隙和连接颗粒的尺寸，其选择依赖于所需的应用领域[MAI 84]。

### 5.1.3　玻璃碳

如第2章所示，玻璃碳是通过热固性聚合物的碳化制备而成的，例如热固化的酚醛或糠醛树脂。热解在固相中完成，以至于基本结构单元(BSU)既不能生长也不会定向排列。氧的存在防止了前驱体中黏稠中间相的出现（见图1.3），其为交联的因素。这导致了一种不可石墨化型碳的生成，它是一种坚硬、易碎材料，具有整体各向同性特征。具有明显的封闭微孔结构，并且其表观密度仅为 $1.45g/cm^3$ 左右，对腐蚀性试剂具有强化学抗腐蚀性[JEN 76]。其主要物理性质见表5.1，查看表5.1中数据发现，其热或电传导特性与人造石墨有很大不同。事实上，由于结构顺序没有长距离的发展，玻璃碳是一种绝热体和不良导电体。

通过挤压或压缩将物体成型，然后在1000℃及以上温度下进行热处理，热处理过程中伴随着显著的尺寸收缩。这是1970年左右开发的技术，并且是从人造产品中制备的。使用成型技术制造适用于特定用途的各种形状，如制成泡沫、细丝和各种尺寸的球体[PIE 93]。这些制品被用于特殊用途，特别是用作化学惰性的坩埚和得益于它们的高度生物相容性而被用作医用植体。它们占据独特的专有技术市场。

### 5.1.4　主要的应用领域

人造石墨在工业中被广泛用作中间材料和用于各种技术领域。在第4章中讨论了为了还原天然氧化物或循环利用金属及其衍生物（特别是钢），在冶金中大量将石墨用作电极。现在我们将考虑人造石墨的特定性能，将其示于图5.3中[PIE 93]。受到环境应力影响的碳零件不可避免会产生磨损，这种磨损甚至很严重，会生成碳氧化物和小的胶状颗粒物，从而释放出气溶胶。由于与动应力相关的化学氧化现象，相应于界面处各种行为的降解机制会发生。润滑就是这种情况，承担滑动的责任，或者相反，在运动固体件间产生摩擦和磨损。后一种现象发生在车辆制动中，存在的松散碎屑形成被称为第三体的移动润滑界面。最后，火箭发射过程中在大致粗糙的火箭外壳承受高速热环绕气流影响时，火箭外壳发生烧蚀。

　　根据图5.2所示的特征对，可以将各种应用领域划分为四种主要类型。它们大部分是准各向同性和高密度的人造石墨，其多方面的应用价值开辟了许多新应用领域。图5.3给出了一些实例。

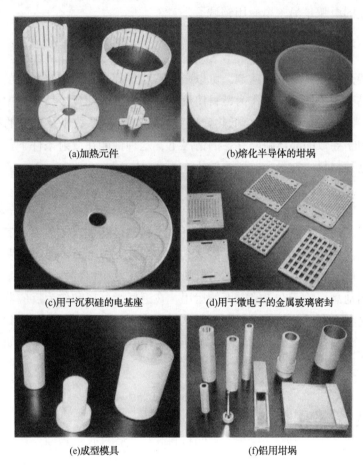

(a)加热元件　　　　　　　　(b)熔化半导体的坩埚

(c)用于沉积硅的电基座　　　　(d)用于微电子的金属玻璃密封

(e)成型模具　　　　　　　　(f)铝用坩埚

图5.3　由高密度多晶石墨制作的产品举例(摘自 A. Oya[OYA 00])

## 5.1.4.1　在化学中的应用

　　通常为了散发热量，化学惰性要与良好的导热性相结合。用于熔化和提纯金属或硅半导体的坩埚和模具，以及空气密封件或防水密封件就是这种情况。通过焦耳效应，它们也用作热交换器或加热元件。在这个使用领域，它们可以与玻璃碳相媲美，具有高度化学惰性[OYA 00]。

### 5.1.4.2　电气和电子装置

主要用途为所有电机中的电触头和电刷，例如在汽车工业中的广泛开发应用。火车集电器(称为接触网)涉及与良好电接触相关的运动部件的润滑(滑动)。其他用途包括电化学电极，特别是储存电的电池和微电子装置[INA 01]。最后，发光或焊接的电弧是另一个应用领域。

### 5.1.4.3　核能

纯石墨是一种良好的减速剂，可以减缓不稳定原子核裂变释放出的中子。高纯度的多晶石墨可使铀235作为燃料使用，其在最早的几代核反应堆中获得应用[BUR 01]。石墨的耐火特性与低热膨胀系数、高导热系数以及可靠的机械性能有关。在中子导致的晶体缺陷存在的情况下，这种性能在放射条件下仍然可以维持。对于这种材料，这是至关紧要的。

### 5.1.4.4　热机械性能

多晶石墨的性能随着温度的升高而升高，最高可达2200℃左右，其表现为良好的抗热冲击性能[LEG 92，GRA 97]。正如我们所指出的，已经开发了两个特殊领域——航天和航空制动。由于与散热功能相关的摩擦特性，这种配对使其用作飞机的制动盘。关于在火箭方面的运用，在返回大气层和作为反应器外壁的烧蚀作用是这种新产品的基础。然而，在这两个案例中，我们必须意识到具有更好弹性的碳-碳复合材料已经取代了多晶石墨，其正在成为传统产品。如在第7章中所述，一些在降低强度下使用[MAI 84]。

## 5.2　热解碳和热解石墨

通过挥发性碳氢化合物在可控环境下热分解获得热解碳，导致石墨材料沉积在反应器整个内壁上(CVD)。正如我们先前所讨论的，最初为大量沉积热解碳显示出整体平面对称性(见图2.7)。这是由于气相热解而形成的，是前述章节描述的凝聚相碳化的替代工艺[RAP 65]。

### 5.2.1　气相化学沉积获得的热解碳($P_yC$)

试验条件必须使气-固界面形成晶核，这与获得烟灰或炭黑所需均相成核条件不同。为了达到这种条件，必须优化试验参数、碳氢化合物性质、温度和压力以及炉中循环气体流动速率。许多基础研究表明，关键机理为发生在气相的自由基化学反应和发生在界面的非均相反应之间的竞争。反应进程取决于气相物质在热反应区停留的时间。通过促进气相反应机理，观察到均相成核损害了基底上的固体沉积物，而这是不希望发生的。为了优化沉积速度，从操作的角度来讲，开发了几个程序，在等温、等压或梯度条件下，它们被分成了冷壁炉或热壁炉[DEL 03]。

试验上有两个主要变量：一方面为前驱体气体(通常为天然气和甲烷)的性质，另一方面为基质所选的沉积温度，该温度可以在约800～2500℃变化。根据该温度的不同，碳质固体的属性会发生非常大的变化，如图5.4所示的真密度的变化。其中所得曲线为不同温度的沉积物，所有沉积物皆为使用甲烷得出[RAP 65]。特别地，当大量基质的温度控制在1600～1700℃时，由于存在显著的封闭孔现象而产生最小密度区域，该区域与类似于玻璃碳的非石墨高温碳的沉降区域相对应。在大约2000℃及以上时，由于碳材料的特别生长机理[BOU 06]，相应生成相对可石墨化、定向、薄片状结构，因此沉积碳的密度大于2.0g/cm³。

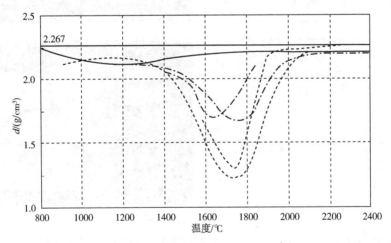

图 5.4　从甲烷获得各种高温碳的密度随沉积温度的变化

不同曲线对应不同的试验条件，特别是炉中的不同压力(沿水平轴直线指出石墨晶体理论密度值2.267g/cm³)(结果摘自《CARBONS》[RAP 65])

## 5.2.2　纹理结构及物理性质

在2000℃左右对高温碳沉积的成核和生长机理进行了广泛研究，其存在各种或多或少石墨化结构的类型。根据试验参数，可以识别假相态转变。建立了各种亚稳种类的存在图，这与热力学体系平衡相图类似[DEL 03]。这种变化由各向异性结构多少来描述，其与基本结构单元(BSU)优先取向多少有关。使用 X 射线衍射峰的峰形以及电子衍射技术对其进行分析(见表框 2.1)。在更大的范围内，通过偏光显微镜对马尔他十字形的观察，显示出石墨晶体固有的各向异性[BOU 06]。

　　进一步研究显示，来自不同起源的成核位置的圆锥体，其生长机理可用于描述柱状形貌，如图 5.5 所示。也可能发生多核形成的圆锥体，并导致定向排列不佳的薄层状结构[RAP 65]。

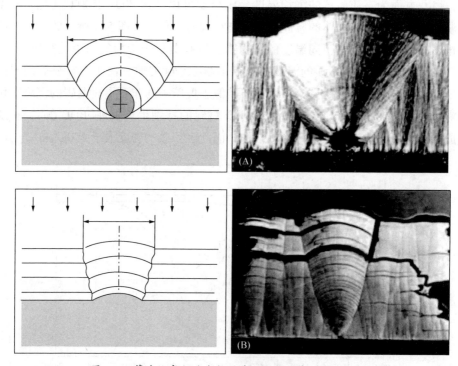

图 5.5　薄片状高温碳生长层截面(右)及相关机理(左)

(A)表面凸起的成核机理；(B)与杂质存在相关的促进成核机理(摘自 L. F. Coffin[1964]和后续[DEL 03])

　　在主要谈到在微米级水平观察到的光学结构时，有许多方法来定义几种相态：首先，在偏光下各向同性结构不显示任何旋光性。其次，颗粒状结构为具有较低密度($1.7g/cm^3$)和不可石墨化的较弱各向异性。再次，存在被称为薄片的结构——平滑并且可弱石墨化相，然后粗糙且再生粗糙薄片相，这些为可石墨化结构，后者可石墨化相在后续热处理下相应产生具有很好基本结构单元的取向，其由光学各向异性决定，并且与大于 $2.0g/cm^3$ 的高密度相关[BOU 06]。它们显示高度各向异性的固有性质，例如导电性和导热性，以及好的机械性能。这些相态一般在应用上受到广泛欢迎，最初应用在军事和航空领域，但最近更多地应用在生物医学工业领域用作假体。实际上，高温碳用作心瓣膜涂层或小骨骼假体。

在最近开发的第三代核裂变发电机中高温碳用在核燃料球上，高温碳紧贴着放射性元素发挥了类似于密封屏障的作用(见图5.6)。

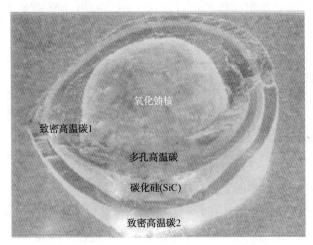

图5.6　由几个高温碳($P_x C$)和碳化硅防护层包裹的氧化铀核燃料球

(直径大约 $500\mu m$)(摘自 X. Bourrat 等[BOU 06])

最近正在开发通过渗透用作增强材料的纤维基质来制备碳-碳复合材料的技术。在这种情况下，基于相同反应模式的渗透技术受到多孔预制件中气体产物扩散常数的影响，其限制了沉积速率。特别是为了减少长渗透时间[GOL 03]，实验性地开发了几种反应器类型和程序。需要保留的最重要的一点是，在渗透到纤维基质中后，整体样品上表征的不同纹理结构是完全相同的。

## 5.2.3　热解石墨及类似物

获得高定向整体石墨片的必要性是因为从矿物提取的天然石墨仅以小薄片形式存在[INA 00]。为了制备这种整体石墨片，开发了一种新制备方法，该方法使用可石墨化的薄片高温碳，因为其具有很好的基本结构单元优先取向性[MOO 73]。这种在2100℃左右沉积的样品接下来在温度2800～3000℃左右、单向压力30～50MPa下再次进行热处理，促进石墨烯平面的生长和良好取向。然后，经过最后一个大约3500℃热处理生成高度取向的高温石墨，称为HOPG。这种镶嵌结构与晶体 $c$ 轴上的小于1°的平行性的一个小缺陷有关[INA 00]。这种材料的性质，包括其各向异性特性，与在小天然晶体上观察到的性质极其相似[MOO 73]。它们尤其被用作 X 射线、中子衍射计和分光计的单色器。

同时也开发了其他两个系列的高取向石墨：第一种是膨胀天然石墨(ENG)，通过插入和剥离过程制备，其产生一个插层化合物，然后经热冲击排出插层化合物[PY 06]。由于石墨平面的分离，该步骤产生了一个大的可触及表面的较轻固体。这是储存热能或吸附气体的极好载体。第二种方法是用聚酰亚胺或 Kapton 生产很薄的膜，并且通过表面原子迁移效应进行碳化，尤其是石墨化[INA 00]。这种导电膜在微电子中特别有用。两个案例中关键事实是增加可触及表面，其通过石墨烯平面纳米电子处理而达到(见第 8 章)。

# 5.3  金刚石薄膜

在通常温度和压力条件下，金刚石相通常是亚稳定的，它同时显示出与其化学惰性相关的耐火性能，因此其有资格作为白色陶瓷。实际上，与石墨相比，金刚石与高密度($3.52g/cm^3$)结合，其具有卓越的物理性质[PIE 93]：

① 具有目前已知的最高硬度，与高的准各向同性弹性模量(1000GPa)相关，相当于在石墨平面中测得的弹性模量(见表 5.1)。

② 具有最佳热导率，高于石墨平面中观察到的热导率，它是已知接近室温条件下的最佳导热体。

③ 电绝缘行为表明能带间存在很大的能隙，这解释了其对红外、紫外光波的准透过性，并且具有很高的折射率。

这种最初在天然晶体中观察到的特性组合导致了各种合成技术的开发，为了创造人造品种，开发了若干应用领域[BAU 06]。

## 5.3.1  薄片工艺

第一次人工合成金刚石粉末发生在 1950 年，在石墨上施加内爆和冲击波作用，或在催化剂存在下进行高温高压处理(见图 2.2)。然而，获得均质薄层的最有效工艺涉及与反应冷等离子体相结合的气相化学沉积。开展了众多产生发光放电活化化学反应的研究。在这些技术中，射频和微波等离子体反应器性能最高，图 5.7 给出了这种设备的典型例子。由于额外能量的贡献，导致亚稳态的沉积的形成基于两个关键机理：首先，通过自由基能断裂碳氢化合物分子的典型热活化被与部分电离结合的电子活化所取代，产生非常活泼的化学物种且没有热降解的风险。等离子体与表面的相互作用很关键；通过离子轰击和特定表面反应，控制沉积（或蚀刻）过程。因此，根据试验条件的不同，沉积得到各种类型四配位碳，如前面已经定义过的 $\alpha\text{-}C$ 和 $\alpha\text{-}C$：H 相，考虑到其为纯碳相［ROB 02］，也有类金刚石碳（DLC）甚至微晶碳。图 5.8 给出了通过在平面基质结构上控制成核和生长获得的微晶沉积的实例［DEM 97］。

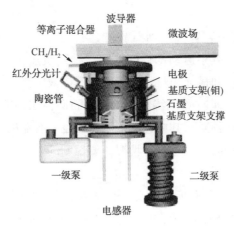

图 5.7　以气相化学沉积得到金刚石薄层的反应器示意图，
减压下经微波等离子体增强（摘自 E. Bauer-Grosse［BAU 06］）

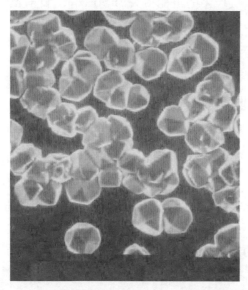

图 5.8　经冷反应等离子体沉积到碳化钼晶体基质获得的金刚石微晶
（10μm 尺度，摘自 G. Demazeau［DEM 97］）

## 5.3.2　性能及应用领域

除了优异的固有坚硬结构性质外，这种薄层受其结构和表面特性影响，特别是从机械视角看更是如此。实际上，无论选择什么硬度标度，如通过压痕测量压印的方法，这都是人类已知的最硬材料。这也与其表面很低的摩擦系数有关。然而，它没有用作车辆制动的石墨的润滑性质［ROB 02］。目前有两个主要应用领域：

① 机械零件和保护装置。金刚石晶体具有两种似乎相反的性质：一方面，在摩擦学中它们被用于减小运动部件间的摩擦，其通常与适宜的表面处理相关。另一方面，由于它是已知最硬的材料，其研磨性质被广泛使用，特别是用作切削和加工工具［GIE 95］。具有类似特性的类金刚石碳薄层［ROB 02］或多晶金刚石膜在严苛环境下用作防护层，其中它的透明特性也是有益的。在开发的计算机信息储存技术中，磁盘的防护就是这种情况。要控制的关键参数为不同特性的两个表面间的黏合能。

② 电子系统。正如我们所指出的，纯态金刚石为绝缘体，但可以被掺杂，例如在一些天然晶体中与氮掺杂，它会变为半导体［GIE 95］。已经建议在超速和高功率电子系统中使用这些半导体。事实上，由于高导热性，它可以用作散热片，排出通过焦耳效应产生的电能损失［BAU 06］。目前正考察其他开发路线，例如通过发光进行单色发射的光电子领域，甚至微电子仪器，其为被称为微电子机械设备（MEM）的运动感应器［ROB 02］。

# 5.4　总结及要点

本章为首次基于特定物理/化学性质和耐火特性讨论人造或合成碳材料。在整个 20 世纪都在进行从天然煤炭制备人造石墨的技术开发。然后，从小碳氢化合物分子，继而从化学特定大分子获得合成产品。这些创新材料是各种技术领域基础研究贡献的结果，开辟了新应用领域。因此，工厂使用多年的诀窍和经验公式被基于经典科学的专利所取代。

在这种情况下，我们认为这种材料是能够提供不同可能性的陶瓷，其可分为两大类：

① 多晶石墨，已经在冶炼中或其他各种应用中大量使用；这些产品经碳化

学制备，因此直接依赖于天然煤炭的提取。作为工作材料，其目前的产量大约为每年几千万吨[WOL 01]。

②其他碳材料与20世纪后半叶发明的新方法的开发和研究相关。但相对其他更先进的技术，其制备的数量更有限，例如气相热沉积和将反应冷等离子体用于更具针对性的应用领域。

③2010年全球合成金刚石产量约120t，这比从金刚石矿中提取的产量多5~6倍，然而金刚石矿具有更高的市场价值[MIC 12]。

## 参 考 文 献

[BAU 06] E. BAUER-GROSSE, L'ActualitéChimique, no. 295-296, pp. 15-18, 2006.

[BOU 06] X. BOURRAT, J-M. VALLEROT, F. LANGLAIS, G. L. VIGNOLES, L'Actualité Chimique, no. 295-296, pp. 57-61, 2006.

[BUR 01] T. D. BURCHELL, Chapter 5, in P. DELHAES, World of Carbon: Graphite and Precursors, Gordon and Breach Science Publishers, Amsterdam, pp. 87-109, 2001.

[DEL 03] P. DELHAES, Chapter 5, in P. DELHAES(ed.), World of Carbon: Fibers and Composites, Taylor and Francis, London, pp. 87-111, 2003.

[DEM 97] G. DEMAZEAU, Chapter 13, in P. BERNIER, S. LEFRANT, Le Carbone danstoussesétats, Gordon and Breach Science Publishers Amsterdam, Netherlands, pp. 481-515, 1997.

[GIE 95] P. J. GIELISSE, Chapter 3, in M. A. PRELAS, G. POPOVICI, L. K. BIGELOW, Handbook of Industrial Diamonds and Diamond Films, Marcel Dekker Inc., New York, pp. 49-88, 1995.

[GOL 03] I. GOLECKI, Chapter 6, in P. DELHAES(ed.), World of Carbon: Fibers and Composites, Taylor and Francis, London, pp. 112-138, 2003.

[GRA 97] R. J. GRAY, K. C. KRUPINSKI, Chapter 7, in H. MARSH, E. A. HEINTZ, F. RODRIGUEZ - REINOSO (ed.), Introduction to Carbon Technologies, Publications of the University of Alicante, pp. 329-423, 1997.

[INA 00] M. INAGAKI, New Carbons: Control of Structure and Functions, Elsevier, Amsterdam, 2000.

[INA 01] M. INAGAKI, Chapter 8, in P. DELHAES, World of Carbon: Graphite and Precursors, Gordon and Breach Science Publishers, Amsterdam, pp. 179-198, 2001.

[JEN 76] G. M. JENKINS, K. KAWAMURA, Polymeric Carbon, Carbon Fibers, Glass and Char, Cambridge University Press, Cambridge 1976.

[LEG 92] A. LEGENDRE, Le matériau carbone, des céramiques noires aux fibres de carbone, Eyrolles, Paris 1992.

[MAI 84] J. MAIRE, Journal de Chimie-physique, vol. 81, no. 11/12, pp. 769-784, 1984.

[MIC 12] J-C. MICHEL, "Mineral info", BRGM, available online at: www. mineralinfo. org, 2012.

[MOO 73] A. W. MOORE, in P. L. WALKER, P. A. THROWER(eds), Chapter 1, Chemistry and Physics of Carbon, volume 11, Marcel Dekker Inc., New York, pp. 69–187, 1973.

[OYA 00] A. OYA, Chapter 13, in H. MARSH, F. RODRIGO-REINOSO(eds), Introduction to Carbon Technologies, Publications of the University of Alicante, pp. 561–595, 2000.

[PIE 93] H. O. PIERSON, Handbook of Carbon, Graphite, Diamond and Fullerenes, Noyes Publications, New Jersey, USA 1993.

[PY 06] X. PY, V. GOETZ, R. OLIVÈS, L'Actualité Chimique, no. 295–296, pp. 72–76, 2006.

[ROU 06] D. ROUBY, S. MONCHAUX, B. TAHON, "Les matériaux carbonés, recherché et applications", L'Actualité Chimique, no. 295–296, pp. 62–66, 2006.

[RAP 65] J. RAPPENEAU, F. TOMBREL, Chapters 25 and 26, in A. PACAULT and the GFEC (eds), Les Carbones, volume 2, Masson, Paris, pp. 782–912, 1965.

[ROB 02] J. ROBERTSON, Materials Science and Engineering, vol. R 37, pp. 129–281, 2002.

[WOL 01] R. WOLF, in B. RAND, S. P. APPLEYARD, M. F. YARDIM, Design and Control of Structure of Advanced Carbon Materials for Enhanced Performance, NATO science series E, volume 374, Kluwer Academic Press, the Netherlands, pp. 217–225, 2001.

# 第6章 | 分散碳及多孔碳

正如我们第一次在第 2 章中所讨论的，碳的小颗粒组成了不同的胶体相。其中具有球形对称(见图 2.7)的微粒具有巨大的工业价值[DON 76]，如炭黑。几个世纪以来，中国人使用油或树脂的不完全燃烧得到的烟灰微粒生产墨和油漆。从那时起，开发了其他技术，将烟基炭黑甚至动物基炭黑作为颜料。工业生产的开发追溯到 19 世纪晚期，并且几种制备技术目前仍然存在。在 6.1 节中我们将回顾炭黑形成的基本原理、相关工艺和它们的应用领域。我们也将介绍其他小碳质微粒类型以及生产工艺，根据所需的应用领域通过在基质中分散碳来获得非均匀介质。这个概念将被扩展到其他多孔两相固体中，可分为颗粒和多孔复合材料。最后，本章的第二部分将专注于活性炭类，其在选择性吸附现象中具有相当重要的作用。它们与当前的污染和环境问题密切相关。

## 6.1 炭黑

### 6.1.1 形成机理及工业制备

没有例外，称为炭黑的小微粒大部分是通过与化学反应相关的气相成核而形成的。正如我们已经看到的，存在两个主要路线：一个是来自碳氢化合物前驱体的热解，生成多环芳烃分子；另一个来自在火焰中控制的燃烧，其限制了氧化水平[LAH 78]。在这两种情况下，存在较大的多环芳烃碳氢化合物(PAH)分子的缩合，由于经过了一定程度的生长，导致形成具有层状结构的固体萌芽。提出了洋葱皮模型来解释这种现象，其以富勒烯结构开始，并在其上增加同心原子层。

一个多世纪以来，开发了各种技术确保生产亚微米级的颗粒[DON 65, FAU 95]，根据使用领域确定了明确的化学表面。如图 6.1 例子所示，通过这些技术获得了不同类型的炭黑。

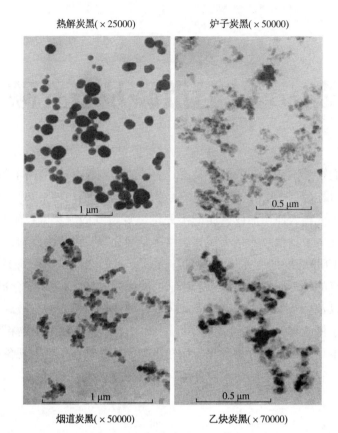

热解炭黑(×25000)　　　　　　　炉子炭黑(×50000)

1 μm　　　　　　　　　　0.5 μm

烟道炭黑(×50000)　　　　　　　乙炔炭黑(×70000)

1 μm　　　　　　　　　　0.5 μm

图 6.1　来自典型制备流程的不同炭黑的扫描电镜照片
(摘自 J. B. Donnet[DON 65])

### 6.1.1.1　烟道或接触工艺

这是最古老的工艺过程，由气相碳氢化合物在火焰中部分燃烧和在烟道内将其在金属表面破碎组成，然后收集烟道内的炭黑微粒。这个过程收率低，但生产的炭黑具有很小的直径(大约 10nm)。这一工艺几乎被抛弃了。

### 6.1.1.2　炉法工艺

如前面的实例，控制气体或液体碳氢化合物同时并连续地进行燃烧和热分解。适当控制气体的混合条件和炉子的温度(可在 1000~2000℃ 范围内变化)，可以得到 30%~50% 的较高收率。这是当前最大的工业生产工艺，由于其极大的灵活性，涵盖了需求的 90%~95%。

### 6.1.1.3　乙炔工艺

乙炔在加热到2000℃的炉子中放热分解，接下来通过回火以获得具有特定聚集结构的很纯的纳米微粒，其对特定应用非常有益。

### 6.1.1.4　热解工艺

在非氧化剂控制的气氛中热解生产炭黑不产生碳氧化物。如在第5章中描述的气相沉积技术，在大约1300℃下加热天然气或芳烃油可生成炭黑。通过调节反应物质在反应区的停留时间来控制化学气相沉积中均匀成核和生长条件，可获得200~500nm之间较大直径的碳微粒。

### 6.1.1.5　等离子体工艺

这种新的非常灵活的工艺，从冷反应等离子体到热反应等离子体，可以生产小微粒炭黑。这种相对高耗能方法的优势为不排放$CO_2$，而且可以回收氢气。这个方法形成聚集体，并且有望生产特别的炭黑[PRO 06]。

## 6.1.2　分类及性能

无论制备方式如何，都根据平均直径对炭黑进行分类。表6.1用ASTM标准列出了分类情况。然而，根据所使用的工艺，其体积尺寸和表面性质有所区别，见表6.1。

表6.1　依据 ASTM 标准对主要炭黑进行几何分类

（摘自 J. B. Donnet[DON 76，DON 65]）

| 炭黑类别 | 平均直径/nm | 比表面积/($m^2/g$) | 炭黑主要类型 |
|---|---|---|---|
| 1 | 11~19 | | |
| 2 | 20~25 | 125~155 | 炉法炭黑 |
| 3 | 26~30 | 110~140 | 接触炭黑 |
| 4 | 31~39 | 75~105 | 烟道炭黑，等离子体 |
| 5 | 40~49 | 43~69 | 乙炔炭黑 |
| 6 | 50~60 | 36~52 | |
| 7 | 61~100 | 26~42 | 标准炉炭黑 |
| 8 | 101~200 | 17~33 | |
| 9 | >200 | | 热解炭黑 |

### 6.1.2.1　整体化学组成和结构

碳材料的碳含量范围在97%~99%，包括多环芳烃化合物(PAH)，其余通常由杂原子组成(H、O、N、S)。可以被溶剂(如甲苯)萃取的挥发性化合物含量主要取决于前驱体的性质和制备温度。其结构由基本结构单元的球状构造决定，如通过X射线衍射，特别是高分辨电子衍射所示的那样[OBE 89]。

可石墨化碳的多少取决于所开发的工艺过程。那么，这些微粒可以被分为二次结构或聚集结构，根据其活性化学相互作用，继而在更大的规模上呈现出团聚结构。一个重要实例为乙炔炭黑形成串状结构(见图6.1)。

### 6.1.2.2　表面性能

首先，如在炉法炭黑案例中，碳氢化合物的反应活性取决于其在控制燃烧期间呈现的氧化作用(例如酸和酚)。相反地，对于热解炭黑或从等离子体反应得到的炭黑，表面性能只能是前驱体中的残留。这种不同是通过测定炭黑水分散体pH值得到证实的，通过热氧化获得的炭黑显示出表面酸性。如我们将在活性炭章节中所见[LAH 78]，为了控制其亲水性和疏水性平衡，邻苯二甲酸二丁酯或矿物油的吸附试验也可以表征和改进其表面性能。

另外，所有炭黑都具有表面自由基，其在弹性体和橡胶的交联中发挥重要作用[DON 76]。相关的几何参数为由氮气等温吸附测定给出的总可及表面，该方法归因于Brunauer、Emmett和Taylor(或BET)所提出的理论。在假定没有聚集的情况下，当微粒尺寸增大时，必然导致表面缩减，这支持了表6.1中所报告的趋势。

### 6.1.2.3　体积性质

炭黑的表观密度以及作为炭黑颜料的染色质量也取决于其微粒尺寸的大小。如在光吸收-反射测量中所示[TAY 97]，染色质量随着平均直径的增加而变差。最后，这种粉末导热并且导电，其综合能力与施加其上的压实压力有关，特别是相邻颗粒间的接触情况。事实上，其欧姆电阻取决于施加在炭黑微粒间的压力[DON 65]。

## 6.1.3　其他碳微粒

另外，还存在其他各种形状和尺寸的小微粒。尽管来源和性能不同，将其制备成碳材料的过程类似。这种相似性在其工艺过程开发中得到印证。

### 6.1.3.1　石墨薄片

这些主要来源于天然的小型平板状石墨薄片，通常在萃取后被提纯、处理和分类成6~50nm的粒度组[WIL 06]。这些薄片用于电能的化学储存或摩擦学用途中的摩擦滑动。在选择性研磨和后续处理后，也可用作人造石墨。

### 6.1.3.2　石墨碳微球

从固化液滴中生产这些具有大约100μm直径的按要求分级的球体。存在两个主要类别，第一种来自中间相沥青[称为中间相碳微球(MCMB)]，第二种来源于不熔化树脂，碳化后产生玻璃碳[MOC 01]。由于其不可石墨化的特性，后者的应用领域不同。

### 6.1.3.3　碳纤维

第7章中将讨论这个大类产品。这里我们将兴趣点放在以形状因子和长径比为特征的短丝上，其定义了被分散在母体中物体的几何异向性。其直径范围从通过催化气相化学沉积制备的纳米级细丝到从液体或固体前驱体和热处理制造的微米级细丝。注意，其他具有特定形状的纳米物体(例如圆锥状的)也可通过气相沉积技术制造，这些物体可以用在特定小众细分应用领域。

### 6.1.3.4　洋葱状碳和纳米金刚石

洋葱状碳被认为是一种多富勒烯，在压力和电子束影响下通过原子重组转化为金刚石型纳米相[KRA 07]。这些是由四配位碳原子组成的纳米颗粒，其尺寸为5~50nm。最近，已生产出由冲击波和石墨微粒、烟灰或天然石墨引爆形成的纳米金刚石。令人对其感兴趣的在于其研磨和抛光特性，同时在医药中被用作药物载体[MOC 12]。

# 6.2　成型及应用领域

## 6.2.1　非均相介质的提示

在讲述这些必须被加工的粉状碳的主要应用领域前，我们必须回顾几个基本事实[GUY 92]，如在第 2 章结尾所述，在热力学意义上称为非均质的物质至少由两相组成，体积小的一相通常分散在为连续介质的第二相中。考虑的主要案例如下：

① 碳质相不是与气相(如果它是多孔材料)相联系，就是与另外作为母体的凝聚相相联系。

② 分散微粒的分布要么是随机的，要么呈现出特殊的几何排列，例如在纤维机械复合材料中。

③ 界面的物理/化学作用变得至关重要，这种作用在静态和动态条件下是不同的，也就是存在沿着孔道壁流动的情况。

在这一节我们将回顾一些有关两相凝聚环境的关键点，在固定界面条件下，这与母体中小微粒的先验统计分布有关。另一个重要应用情况是液体流经的多孔固体界面。我们在 6.3 节将讨论的活性炭就是这种情况。

非均匀介质的物理性质(例如电导率)遵守确定的拓扑定律，其整体导电性不能通过简单添加由顺序排列或平行排列的元素来解释。我们必须引入与相变理论相关的数学渗流模型[GUY 92]。分散在绝缘母体(如聚合物)中碳微粒的电导率可有几个数量级的变化。在接近以活性相体积分数为特征的渗流阈值时，观察到一个临界区。图 6.2 给出了该实例，其中测得了绝缘与导体急剧转变的行为[DEL 09]。

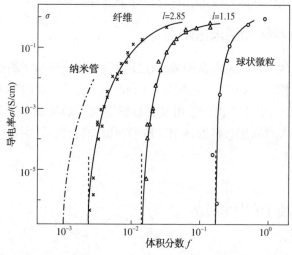

图 6.2　以对数坐标表示的电导率变化(在室温、连续电流下根据碳微粒的体积分数 $f$ 测得)：热解炭黑(标准 $\phi=500nm$)、以不同长度($l$)为特征的短聚丙烯腈碳纤维和多层纳米管($\phi=50nm$)(摘自 P. Delhaes[DEL 09])

这一关键行为取决于两个因素：第一是几何尺寸，因为其与微粒的形状相关；第二是界面性质。图 6.2 显示了形状因素的影响，其形状从热解炭黑中孤立球形微粒到微米级直径的典型碳纤维细丝和 50nm 直径的多层纳米管。当不等的长径比增加时，渗流阈值急剧下降，需要更少的导体微粒来建立贯穿整个样品的连续通道。

母体形状的影响也非常关键，因为它是负载的分散性和润湿性的函数，或者相反，是聚集微粒聚结趋势的函数。由于随机分布不再可能，因此渗流阈值减小。与微粒和母体间界面能竞争相比，这种基于相邻微粒间界面能竞争的胶体行为将控制分散和传导机制。使用表面活性剂产品是分散稳定的条件之一，在颗粒进入液体相之前对其进行可能的表面处理。它们的流变混合或流动条件为控制的关键点 [DON 76]，表征了在力的作用下凝固发生之前物质的流动特性。

## 6.2.2　主要开发领域

主要开发领域包括炭黑，但也包括其他更多特定领域的细分碳产品。我们将按重要性顺序分类，从弹性体和橡胶的强化开始，其代表了大约 70% 的炭黑产量。

### 6.2.2.1　弹性体中的机械强化

汽车轮胎中炭黑的增强力和耐磨性被偶然发现，而且还一直在改进中 [FAU 95]。炭黑与液体弹性体形成胶状悬浮，其黏弹性能取决于加入炭黑的体积分数，其不超过 10% ~ 15%。孤立微粒或聚集体与聚合物链间的界面相互作用对控制材料性能至关重要。

表面模型提出聚合物链通过物理吸附附着于表面并被堵塞。在炭黑表面也存在少量具有氧化功能的共价键和自由基。这些与黏附相关的化学链对橡胶硫化过程起到作用。聚合度取决于炭黑微粒的大小和表面状态以及生产步骤，一般采用 ASTM 标准定义的炉法炭黑(见表 6.1)。因此，根据需强化材料的类型以及弹性体、天然橡胶或合成类似物的性能来选择炭黑。

为了优化最终产品，在生产充气轮胎配方中包含几种化合物，因此充气轮胎生产是项复杂的技术。在最小磨损下良好的抓地性能和优化的制动条件为追求的标准 [FAU 95]。也开发了其他工业橡胶的应用，特别是汽车行业的各种部件，其兼具了机械和耐热性能。

### 6.2.2.2 墨水和油漆中的炭黑颜料

随着新印刷技术、油漆的出现以及弹性材料的使用，炭黑颜料的色素性质得到很大发展。我们看到，通过小微粒提高了黑颜色的强度，这些小颗粒不会聚集，然后展现出较高的比表面积（见表6.1）。

目前由于制造商的生产技术不同，我们可以将其分为液体雕刻油墨、油性印刷油墨和用在电子印刷中的调色剂，以及建筑或汽车车身的工业油漆［FAU 95］。在这一领域，我们也必须包括聚合物薄膜中添加的炭黑，其可以吸收紫外辐射，保护各种装置免受来自太阳的辐射。

### 6.2.2.3 导电涂层

如图6.2所示，小微粒在聚合物中的分散渗流性促进了各种研发。防护电磁波的电子屏蔽可以延长紫外线防护［TAY 97］。根据经典渗流理论确定，炭黑体积含量大约15%是足够的，但在如乙炔炭黑这种结构微粒的例子中，大约1%就足够了。我们也看到，可使用棒状电荷降低渗流阈值到比其值远低的水平，这使我们可获得兼具导电性和透明性的聚合物薄膜［DEL 09］。

另一应用领域适用于临近渗流阈值的临界传导行为。与机械或热应力相联系的很弱变化就可产生放大的压阻效应或电熔设备。这个特性可以被用作生产探针，其在更复杂的设备上可现场发挥作用。

最后，第三种类型的应用包括在纳米复合材料中开发传感器和执行器［BAU 02］。

### 6.2.2.4 非均相催化载体

碳微粒可以用作被认为惰性的催化载体。通常分裂状态金属催化剂用于使化学反应更具选择性，或者为了使其分离，开始生成新的亚稳相或动力学相。

### 6.2.2.5 电化学储能

还记得在19世纪晚期实现了炭黑在一次性电池中的应用，如Leclanché电池。从此，在碱性电池的阳极中开始使用其他分散碳（例如石墨碳粉）作为添加剂形成渗流网络［WIL 06］。在这种情况下，最高性能的电池为二次电池或充电电池，也称为锂离子蓄电池。如图6.3所示，锂离子电池基于由石墨碳作为负极的主体结构作用，其用于在氧化-还原化学过程中可逆地吸收和释放锂离子［BÉG 06］。

在充电期间，在石墨层之间嵌入锂离子($Li^+$)，直到达到理想的$LiC_6$组成，然后，这些离子通过由过渡金属氧化物(M)组成的阳极的氧化被释放。通过释放这些离子和相关的电子，产生了大约3.6V的电动势。

其他碳已被成功实验用作负极材料，特别是在石墨化以前甚至不可石墨化碳，如玻璃碳微球。在这种情况下，不同和更复杂的嵌入和释放机理导致了锂离子的储存。这些蓄电池提供了比其他发电机更大的储存能量密度[DEL 09]，其使开发使用移动电话和改善电动汽车效率成为可能。还应注意，在电化学能储存系统中，超级冷凝器或使用氢气的燃料电池也涉及其他碳材料，这些碳材料发挥了关键作用[BÉG 06]。

更通常来讲，以化学形态储存的电能密度是个关键的技术障碍，这是改善由纳米粉末组成电极材料的很多工作的主题[LAR 12]。

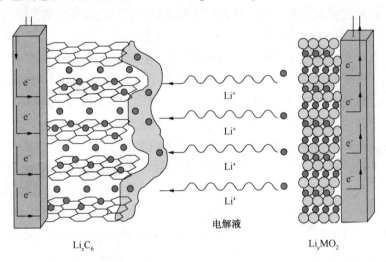

图6.3 锂离子蓄电池的假设图解，其负极由天然石墨薄片制成，
正极为金属氧化物(摘自 F. Béguin 和 R. Yazami[BÉG 06])

# 6.3 多孔碳和吸附碳

## 6.3.1 一般定义

固体的多孔特性由固体的固有体积与其所有内部孔隙所占体积之间的比率来决定。换言之，该百分数总体定义为表观密度与致密相真实密度的比值。相关的

几何参数为表面积与体积的比例，其在很高比值时多孔特性比值降低到几乎为0。在石墨碳的例子中，这个极限值为孤立石墨烯平面的表面积与体积之比，考虑到原子层的两个面，其等于 $2630 m^2/g$。第二个要考虑的参数为表面状态和存在的化学功能，其决定了分子吸附机理。如我们在关于活性炭的介绍中看到的，有两种类型的机理，即诱导特定性能的物理吸附和化学吸附。

我们将首先定义多孔碳的主要类别，而不详述其吸附机理，吸附机理被认为是可逆的，因此是物理作用。该结构特征基于如下一般性考虑[BYR 95]：

① 根据有些古老的 IUPAC(国际纯化学与应用化学联盟)分类方法定义存在的各种尺寸孔道：大孔为大于 50nm，中孔（介孔）为 50～2nm，微孔为小于2nm。

② 我们也必须定义其形状，圆柱的还是分裂的；它们的连通性，区分开孔和闭孔；以及弯曲度参数，对于解释物质和热量在固体中的传递非常关键。

③ 通过气体和液体体积的测量来考察这些多孔固体的物理特性。如我们已经指出，这主要是研究单层和多层气体物理吸附等温线(氮气、二氧化碳)以及根据应用于碳材料的 BET 理论进行分析。这些是杜比宁(Dubinin)模型和其分支，主要应用在微孔和中孔[MCE 01]。请注意，为了从体积测量转移到确定比表面，必须提出形状假设，其为一种被统计机械模型得到加强的试验方法。最后，大孔由其他方法测定，如 X 射线衍射或加压汞浸入[BYR 95]。

一般来说，我们必须区分粒状和多孔状固体。前者由各种大小和形状的小微粒组成，如我们在 6.1 节中讨论的，这些为炭黑，但也包括其他各向异性形状的微粒。在压力下其聚集和压缩以及机械稳定性遵循粉末的流变规律，例如一堆沙子。第二类包括由带壁的开放或封闭多面体单元组成的单片固体，其特性由厚/长几何比决定。图 6.4 给出了封闭孔固体的一个很好例子。这与渐进式热处理对软木塞的影响有关，通过扫描电镜进行检查。在可能的碳化和石墨化过程中，释放了挥发性化合物，多面体植物细胞收缩得以保存下来，因此确保了很轻的热防护系统的绝缘性能，特别是用在航天器上。

各种合成碳材料也被创造出来，如使用各种技术生产的固体泡沫和气凝胶。例如，通过现有工艺对有机前驱体进行热解或乳化。归因于沸石的复制技术，使校准空隙和对其连通性进行排序才成为可能[DEL 09]。

图 6.5 显示了碳材料的几个家族，根据总孔隙率水平及封闭孔和开放孔的区分来分类。后者对保证互联空间之间的质量和能量传递的动态性能非常重要。

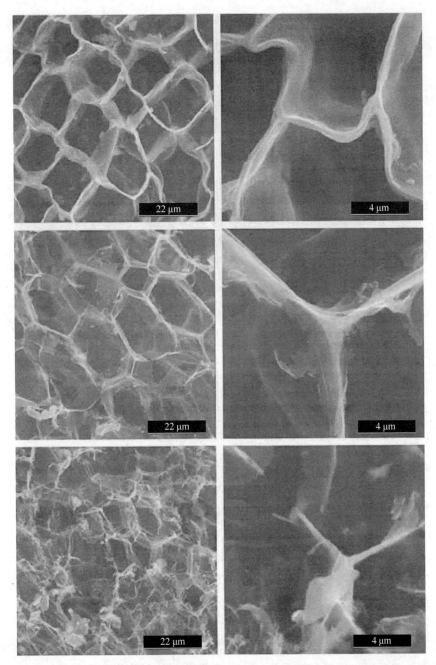

图 6.4　三个温度处理的软木样品在两个放大比例下的扫描电镜(SEM)照片

（由 S. Reculusa 私人分享）

热处理温度(HTT)：1500℃（上排），2000℃（中排），2500℃（下排）

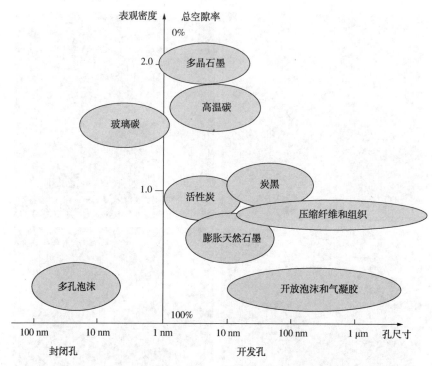

图 6.5 根据纵坐标表观密度和横坐标平均孔径确定的石墨碳家族图解分类
（摘自 P. Delhaes[DEL 09]）

## 6.3.2　活性炭

活性炭用作消除以气相或液体形式排放的有害化学物质的吸附剂。如我们在第 1 章所述，从古代起人们就利用其吸附性质来消除气味和使液体脱色。近几个世纪以来，在改善这种海绵状物质吸附选择性和吸附容量方面取得很大进步。在 20 世纪初专家就考虑到从经验使用到技术方法的转变[BYR 95]。事实上，1901年 R. Ostrejko 申请了一个德国专利，说明为了改善吸附剂质量，如何注入水蒸气来处理木炭。这一通过化学侵蚀创造活化孔表面的方法是众多表面处理手段的首创，这可被分类为热物理或热化学方法。

物理生产方法是基于在前驱体固相碳化后，在氧化环境下热处理。化学活化包括直接与氧化剂（通常为磷酸、氢氧化钾或氯化锌）接触，随后进行受控的热处理，然后进行漂洗和冲洗。一方面根据前驱体的来源（天然或合成的），另一方面根据表面处理或活化程度，都会导致产品特性明显地不同。从天然煤炭（通常为褐煤或泥煤）或从农业废弃物都可以获得颗粒状材料。对这种纤维状木质纤维素材料的利用已经有很长历史，松木和椰木被广泛地使用[MCE 01]。在它们的生产中，我们必须考虑到孔隙的可及性和孔道的大小分布，其必须被调整到被捕获分子的大小。表面化学群组的类型决定了有效吸附机理。化学吸附显示出比物理吸附更高的吸附能，化学吸附还需要控制精准的再生阶段[DER 95]。这种界面俘获机理是放热的，其由浸渍热测量方法进行描述，因此碳材料必须被加热以脱除吸附的物质，并在循环前经冷凝回收。

目前可以生产多种类型的活性炭。为了优化操作条件，活性炭可以为颗粒、纤维或织物形式存在。它们的特性通常采用比表面积来表征，采用等温吸附BET技术测量。活性炭比表面积的值通常在 $1000 \sim 2000 m^2/g$，由于存在人造的微孔和中孔，其比表面积比典型炭黑高得多（见表6.1）。图6.6中(a)给出了对应于不可石墨化碳的孔结构模型，具有多环芳烃官能团形成的带状物。这些与活性位相关的最广泛的氧化化学功能位于石墨烯平面的边缘，这在图6.6(b)中已重点阐述，使表面边缘具有部分亲水特性，这对使用过的水的净化很重要[ROD 97]。

在动态系统中，吸附机制和移动相通过多孔环境的扩散传递之间的竞争控制着过程的有效性。在由颗粒堆积或活性材料织物组成的固定床例子中，为了获得提纯所需的稳定和优化操作条件，必须对移动吸附前沿的时间演变和静态断裂曲线的出现进行建模[LEC 00]。

## 6.3.3　气体净化和输送

近年来，在大气污染和其他领域的应用（例如储存和净化气体）得到全面扩展[DER 95]。

### 6.3.3.1　捕集挥发性有机化合物(VOC)

由于VOC排放产生的污染对人类和环境产生危害，基于活性炭吸附特性对空气进行净化已经被广泛地开发利用。实际上，这是在多孔环境下对质量传递条件的优化，这些都是关键操作参数——包括以碳粉、颗粒、织物或毛毡形式存在的具有可控微孔结构材料的开发及其试验条件。固体和气体间的吸附-脱附动力学可能很慢，在压力骤增下动力学加快（变压吸附PSA）[LEC 00]。除了用于家用捕集气味外，还可用于许多工业应用领域，如用于阻滞溶剂、含硫($H_2S$、$O_2S$)或含氯衍生物[MAR 06]。使用防毒面具进行呼吸防护和对汽油蒸气的回收是这些应用的重要实例。

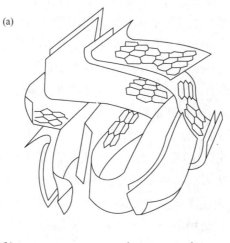

(a)

(b)

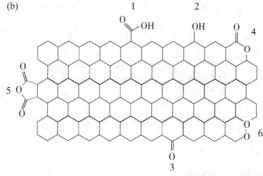

图 6.6 （a）显示基本结构单元空间分布和存在开口孔的活性炭结构示意图；（b）存在含氧官能团的主要类型：1—羟酸；2—苯酚；3—奎宁；4—内酯；5—酸酐；6—环状过氧化物（摘自 F. Rodriguez-Reinoso[ROD 97]）

### 6.3.3.2 气态燃料的储存

微孔碳材料的一个直接应用是能量载体的可逆储存，如氢气和甲烷[MCE 01]。在具有最佳吸附和脱附循环动力学的运行热动力循环中，目标是在尽可能低的压力下通过物理吸附储存最大体积量的气体。对纳米管和活性炭开展了接近储氢临界容量的定量研究，估算为以质量计的 5%。然而，一些其他材料具有较高的可用吸附容量，例如用在燃料电池中的碳材料。

### 6.3.3.3 气体混合物的分离

最后，在碳质膜中创造纳米尺寸(大约 1nm)的标准微孔也被用于分离气体混合物。这通过控制依赖于原子或分子质量的扩散现象和吸附动力学之间的竞争达到。这种方法已经在实验上用于提纯氢气，这是未来的预期能量载体[DEL 09]。

## 6.3.4 在液相中应用

用于液体环境的净化是一项全面展开的活动，特别是在处理用过或受污染的水方面，用量目前大约占据世界活性炭产量的四分之三。然而，其技术性能是变化的，它们通常基于以大约 10nm 或以上为中心的孔尺寸分布[BYR 95]。与中孔间良好连通性相关的这一目标，要求选择合适的前驱体和各种活化处理[DER 95]。我们将列出主要应用领域，具体说明基质与溶液相互作用机理是非常复杂的，如液相色谱分析所示[ROD 97]。

### 6.3.4.1 用过的水的处理

在这个行业，活性炭主要用于消除天然或人为有机分子和其他矿物污染。通常需要几个阶段完成污染治理：去除不可生物降解和有毒的化合物，然后去除悬浮颗粒和油，最后去除胶状物和生物分子[MAR 06]。这种处理技术非常复杂，因为其对应于几个截然不同的界面机理，而该机理取决于通常显示酸性特征的含氧基团的极性[见图 6.6(b)]。

### 6.3.4.2 创建饮用水和食品工业

在饮用水生产领域，活性炭主要用于生物净化[MOR 06]，色素、其他大分子以及酶、蛋白质和细菌必须被脱除。为了达到这个目的，大尺寸可及孔道是必需的。活性炭还用于净化饮用水甚至人体血液。在后一例子中，活性炭的血液相容性特性对医疗应用非常有意义和价值。

### 6.3.4.3 有机液体的吸附

活性炭表面具有很多含氧基团，表现出更多疏水性。这样在捕集非极性有机分子(如苯和甲苯)中就发挥了作用。反过来，在炼制石油前，它可萃取原油中存在的水。在此扩展领域，一个特殊的例子是通过膨胀石墨中疏水石墨烯平面吸附矿物油(GNE)。

#### 6.3.4.4 吸附金属化合物

这可通过离子形式交换或形成复合体来完成，如在黄金回收中形成氰化盐的例子。也可以吸附汞和镉等有毒金属，问题是如何回收和浓缩以便循环使用。为了达到这一目的，再生活性炭技术必须是可靠和优化的。

#### 6.3.4.5 催化剂载体

活化的碳材料(如典型的炭黑)用作水溶液中多相催化剂载体，例如铂纳米微粒。因此，最近正在开发引发催化加氢的新型碳纤维织物载体[PER 06]。

## 6.4 总结和要点

本章聚焦在分散或多孔状态的碳材料，我们重点描述了两个主要类别的技术进展：炭黑和活性炭。这方面强调了界面间的基本作用，特别是对随着新型污染出现的技术演化与创新很重要。利用经验知识，科学知识的进步使我们创造了适用于不同用途的两相系统。渗流数学模型的使用就是其重要例子。

从科学上来说，微粒的生产和其多样化用途(特别是充气轮胎)是指示性因素。那么，通过各种方法创建和选择孔隙率，以获得所需的化学或生物吸附，这是与科学发展和技术优化有关的科学与技术协同的例子。由于在表面和界面方面的基础研究进步，理解胶体粒子的基本相互作用机理成为可能。

从经济上来讲，21世纪初世界炭黑年产量大约 $8 \times 10^8$ t，而且由于活性炭与持续增加的各种污染相关，导致活性炭产量继续增长，已经达到 $1 \times 10^6$ t。这是与运输、能源和环境相关的市场，该市场在全面扩大中，对作为前驱体的天然或人造资源的需求量在不断增加。

### 参 考 文 献

[BAU 02] R. H. BAUGHMAN, A. A. ZAKHIDOV, W. A. DE HEER, Science, vol. 297, pp. 787–792, 2002.

[BÉG 06] F. BÉGUIN, R. YAZAMI, L'ActualitéChimique, vol. 295–296, pp. 86–90, 2006.

[BYR 95] J. F. BYRNE, H. MARSH, Chapter 1, in J. W. PATRICK(ed.), Porosity in Carbons, Edward Arnold, London, pp. 1–48, 1995.

[DEL 09] P. DELHAES, Chapters 4 and 5, Solides and matériaux carbonés, volume 3, Hermès-

Lavoisier, Paris, pp. 169-243, 2009.

[DER 95] F. DERBYSHIRE, M. JAGTOYEN, M. TWAITES, Chapter 9, in J. W. PATRICK (ed.), Porosity in Carbons, pp. 227-252, Edward Arnold, London, 1995.

[DON 65] J. B. DONNET, Chapters 22, 23 and 24, in A. PACAULT(ed.), Les Carbones, volume 2, pp. 690-777, Masson and Cie, Paris, 1965.

[DON 76] J. B. DONNET, A. VOET, Carbon black, Chemistry, Physics and Elastomer Reinforcement, Marcel Dekker Inc., New York, 1976.

[FAU 95] J. FAUVARQUE, InformationsChimie, vol. 371, pp. 99-115, 1995.

[GUY 92] E. GUYON, "L'ordre du chaos", Pour la science, Diffusion Belin, Paris, pp. 177-192, 1992.

[KRA 07] A. V. KRASHENINNIKOV, F. BANHART, Nature Materials, vol. 6, pp. 723-733, 2007.

[LAH 78] J. LAHAYE, G. PRADO, in P. L. WALKER, P. A. THROWER(eds), Chapter 3, Chemistry and Physics of Carbon, volume 14, Marcel Dekker Inc., New York, pp. 167-280, 1978.

[LAR 12] D. LARCHER, J-M. TARASCON, Les dossiers de la recherche, vol. 47, pp. 48-51, 2012.

[LEC 00] P. LE CLOIREC, Les composés organiques volatils, Lavoisier and the School of Mines of Nantes, Paris, 2000.

[MAR 06] H. MARSH, F. RODRIGUEZ-REINOSO, Activated Carbon, Elsevier, Amsterdam, 2006.

[MCE 01] B. MC ENANEY, E. ALAIN, Y. F. YIN, T. J. MAYS, Design and Control of Structure of Advanced Carbon Materials for enhanced Performance, in B. RAND, S. APPLEYARD, M. F. YARDIM(eds), NATO series E, vol. 374, pp. 285-318, Amsterdam, 2001.

[MOC 12] V. N. MOCHALIN, O. SHENDEROVA, D. HO, Y. GOGOTSI, Nature Nanotechnology, vol. 7, pp. 11-23, 2012.

[MOC 01] I. MOCHIDA, Y. KORAI, Y-G. WANG, S-H. HONG, Chapter 10, in P. DELHAES(ed.), World of Carbon: Graphite and Precursors, Gordon and Breach Science Publishers, Amsterdam, pp. 221-247, 2001.

[MOR 06] C. MORLAY, I. LAIDIN, M. CHESNEAU, J. P. JOLY, L'Actualité Chimique, vol. 295-296, pp. 95-98, 2006.

[OBE 89] A. OBERLIN, in P. A. THROWER(ed.), Chapter 1, Chemistry and Physics of Carbon, volume 22, Marcel Dekker Inc. New York, pp. 1-136, 1989.

[PER 06] A. PERRARD, J. P. JOLY, A. BOURANE, P. OLRY, P. GALLEZOT, L'Actualité Chimie, vol. 295-296, pp. 104-108, 2006.

[PRO 06] N. PROBST, F. FABRY, E. GRIVEI, T. GRUENBERGER, L'Actualité Chimie, vol. 295-296, pp. 28-32, 2006.

[ROD 97] F. RODRIGUEZ-REINOSO, Chapter 2, Introduction to Carbon Technologies, H. MARSH, F. RODRIGUEZ-REINOSO, Publications of the University of Alicante, pp. 35-101, 1997.

[TAY 97] R. TAYLOR, Chapter 4, in H. MARSH, F. RODRIGUEZ-REINOSO(eds), Introduction to Carbon Technologies, Publications of the University of Alicante, pp. 167-210, 1997.

[WIL 06] H-A. WILHELM, J. L'HEUREUX, L'Actualité Chimique, vol. 295-296, pp. 19-22, 2006.

# 第7章 | 纤维及复合材料

正如第6章所述，自然环境中的丝状结构趋向于选择高度各向异性的几何构造，源于周围环境中存在的力学性能优化。这种情况也存在于动物界的细丝绒、植物界木材和纸张的细纤维之中。这种非凡的机械性能与几个维度参数有关，从分子尺度上的聚合物链有序排列形成不同层次的结构到杂多相或复合材料固体。这种现象指引研究者从自然界通过仿生学获得灵感，去创造新的人造材料[DEL 06a]。

在不同的纤维中，包括我们已经熟知的已有半个多世纪历史的玻璃纤维，最先讲到的是碳纤维的开发过程。在7.1节，我们会给出不同直径纤维的开发时间年度表，直径从纳米尺度到微米尺度。通过对它们的通用物理性质的总结，我们会关注它们的应用范围，特别是在作为结构材料方面。在本章7.2节将会介绍它们在不同类型的基质材料中作为机械增强材料的作用及发展。为此，在介绍主要类别的纤维或纳米丝复合材料时，我们需要回顾一些有关细丝与基质界面间性质的基本事实。最后，由于其独特的高温性能以及在高新科技领域的促进作用，我们会把注意力放在碳/碳复合材料上。

## 7.1 碳丝

### 7.1.1 主要系列的历史概况

对于所有的制备过程，特别是在表2.1中所示的使用了化学工艺的过程，根据前驱体相态特征有两个途径：一个是前驱体以气相状态进行热分解，然后成核长大；另一个是凝聚态有机相的热解和碳化。这两个技术生产了不同的细丝。对于化学气相沉积（CVD）得到的丝径一般为纳米尺度，而前驱体在固体和液体状态下得到的是微米尺度细丝，其生产碳纤维长丝（见表框7.1）。我们将分析这两类主要技术的发展重要历程[DRE 88]。

### 7.1.1.1 从气相得到的纳米细丝

早期的在 1950~1960 年的论文中显示金属催化剂如铁、钴和镍在碳细丝的生长过程中发挥了重要作用，由原子平面层卷曲形成的细丝称为"晶须"，可以利用电子显微镜观察[DEL 09]。各种烃类气体(苯、甲烷等)催化热解多相成核长大机理的基础研究使控制长度和特定的丝径成为可能。细丝的丝径分布在 10nm 到微米尺度之间，且具有不同的组织构造。一个假定的过程框图如图 7.1 所示，是基于催化粒子与载体弱或强的两种不同作用的动力学机理。如图 7.1 所示，碳原子分散、溶解，然后从过渡态金属中逸出。

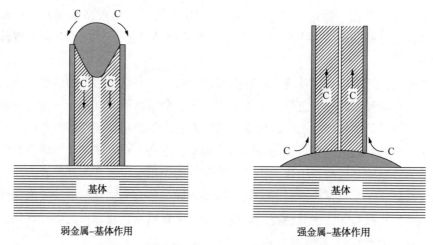

图 7.1 催化气相沉积碳丝生长方式，从顶部或底部开始生长取决于金属-基体相互作用
（改编于 R. Baker 的工作[DEL 09]）

CVD 在 1000℃左右进行，如果存在空心管形状，就会生成纳米管，或者生成各种基本结构单元(BSU)排列而成的纳米丝，因此具有多种形貌。

这一过程的最后部分是展示单壁碳纳米管，这也要归功于高分辨率透射电子显微镜的发展，在 1993 年可以观察到三配位碳原子平面的卷曲和闭合[MON 06]。大量研究工作已经表明，可以控制石墨烯平面同心卷曲的层数(1 层、2 层或多层)，直径达到 50nm。如果形成的条件有所不同，同心结构会明显缺失，但仍具有整体结构轴向对称性。这常与随后讲述的高温热解碳沉积相关。在这种情况下我们会或多或少得到长丝，通常其被称为 VGCF(气相生长碳纤维，见图 2.7)，其显示出的物理性质完全不同于纳米管[MON 06]。

### 7.1.1.2　经典碳纤维

这些工作始于 1960 年前后，这与当时热衷于为新的应用领域寻找机械力学增强材料有关。纺织行业中使用的有机纤维经过热解和碳化过程转变为碳纤维是在机械力学高性能材料领域的技术创新。过去 50 年，无数研究使我们发现且不断改进四大主类纤维的制造过程：一方面，是有机分子源于自然界，基于化学改性的纤维素或人造丝，或者是基于聚丙烯腈（PAN）的人造纤维；另一方面是源于煤基或石油基沥青，这种沥青产自于各向同性的或有机的流体，即我们在第 2 章所讨论的碳中间相。

已在工业上广泛使用的 PAN 纤维用来生产 ex-PAN 碳纤维，自开发伊始主要过程不断得到改进［DRE 88］。生产的关键阶段如图 7.2 所示，最初的聚合物，也会含有添加剂及共聚物，使用干法或湿法纺丝，在张力作用下长分子链伸展排列。接下来，聚合物丝在氧气气氛中稳定化处理，使分子间交联以致在高温碳化过程不发生融化变形。然后，在 1000℃ 以上碳化处理使其发生环化，同时释放氢气和氮气。得到的碳纤维可以在惰性气氛中进行部分石墨化。最后，单丝经过表面上浆处理，通常是一种可溶的聚合物薄膜，以便后续更易加工操作。

图 7.2　ex-PAN 碳纤维生产主要过程

当纤维源于经过加热后形成流动状态的沥青时，第一个重要操作是需要根据沥青的性质进行纺丝条件优化［EDI 03］。对于低芳香度的各向同性沥青，纤维具有较低的机械性能。这种沥青纤维的生产与先前描述的 ex-PAN 碳纤维的生产过程类似。成就最大的研究工作是中间相沥青基碳纤维的生产，是因为这种碳纤维可以实现高度石墨化。为此，碳中间相沥青必须在其热分解发生之前在较低黏度进行纺丝，以便通过液体晶相流动得到有序排列的多环芳烃或 LMO（局部分子有序排列）纤维。这一过程要求非常严格精细，因此必须控制挤压机和纺丝机内的流体速度和温度（见图 7.3）。

图 7.3 所示为一个单丝直径在 $10\mu m$ 左右的连续纺丝缠绕牵引装置（参见

图 7.1 中定义)。紧随其后必须是如图 7.2 中所述的过程：在空气中氧化固化稳
定，然后碳化热处理或进一步石墨化。

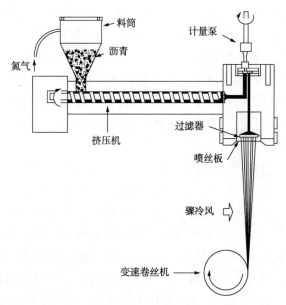

图 7.3　由中间相沥青前驱体熔融纺丝过程简图(来自 D. D. Edie[EDI 03])

## 7.1.2　结构特性及物理性质

不同制备技术得到的各种纤维具有不同程度的圆形截面，这与所使用的生产
技术特别是喷丝板相关性较大。一些有代表性的样品如图 7.4 所示，其横截面的
结构具有不同 BSU(基本结构单元)或石墨烯带的空间分布。我们可以看出三种不
同类型的分布：有随机分布，如人造丝碳纤维、ex-PAN 碳纤维和各向同性沥青
碳纤维；有径向辐射状分布，如中间相沥青碳纤维；以及未在图中显示的同心分
层分布，如气相沉积或 VGCF 丝。所观察到这些单丝的不同微观结构，其石墨化
倾向也不同；微观结构也会影响单丝的物理性质，这将在随后进行讨论。

单丝的机械性能主要通过测量其弹性模量来表征。其定义为单位截面所受的
牵引力与纤维弹性伸长率的线性比值[DRE 88]。众所周知的有两种主要类型：
高模量纤维和高强度纤维，但也存在某种中间状态。前者具有高模量，接近理想
石墨晶体模量($E = 1000\text{GPa}$，见第 4 章)，其断裂伸长率非常差，小于 1%，而后
者模量小于标准值 50%，具有较高的断裂伸长率，一般在 2%～4%，具有较高的
抗拉伸强度。一般来说，纤维的机械特性可以用如图 7.5 所示的类型来表示，其
中给出了断裂张力值与弹性模量的关系。该图显示了两种主要类型：高拉伸强度

相对较低的模量，或者高模量但相对较低的断裂强度。近年来两种主要类型碳纤维的性能都已经得到显著提高[EDI 03]，如图7.5所示。

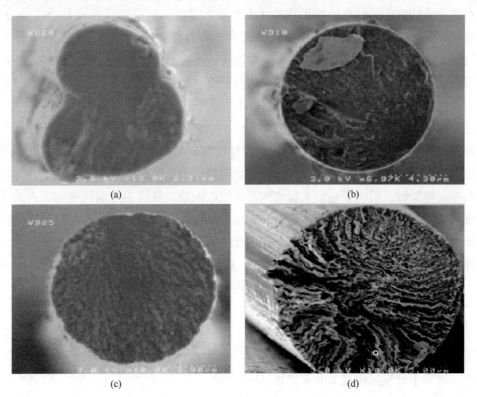

(a)　　　　　　　　　　　(b)

(c)　　　　　　　　　　　(d)

图 7.4　不同商品碳纤维的横切面图：(a)人造丝碳纤维(SNECMA FC2)；(b)各向同性沥青碳纤维(Nippon XN05)；(c)ex-PAN 碳纤维(Toray T1000)；(d)中间相碳纤维(Thornel P100)(来自 P. Delhaes and P. Olry[DEL 06a])

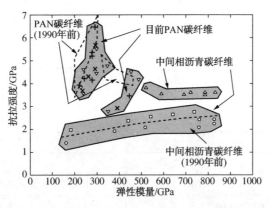

图 7.5　PAN 和中间相沥青碳纤维的弹性性质范围(来源于 D. D. Edie[EDI 03])

为了将这些性能定量化表示，我们将几个特性汇总在表 7.1 中，如弹性模量、电阻率和热导率。基础研究[ISS 03]表明这种较大变化的传递性质是由形成石墨晶体的多环芳烃基团的平均尺寸大小所决定的，这些可以通过 X-射线衍射测定。其物理尺度与量子粒子、电子或声子在石墨烯平面传递的相干长度相关[ISS 03]。长度变化幅度可达到几个数量级，从纳米尺寸的独立 BSU 到经过高效石墨化的微米尺寸。如果对这些结果进行研究，我们可以发现人造丝碳纤维与各向同性沥青碳纤维一样是不可石墨化的，并且展现较弱的石墨物理特性。事实上，这种碳纤维经常被用作热绝缘体。Ex-PAN 纤维产品范围宽，占碳纤维总产量95%左右；所示样品(T300 和 M40 碳纤维来自东丽公司)是标准的高强度碳纤维产品。最后，中间相沥青碳纤维石墨化后展示出非常高的热和机械性能，其与石墨材料类似，但由于它们太脆使用起来比较困难。从这一点看，气相沉积碳纤维(VGCF)总体上具备更好的质量，如表 7.1 的最后部分所示。无论是气相沉积碳纤维还是同心多层纳米碳丝，它们的性能都非常卓越，与那些单层纳米管特性相似，但它们却很难被使用[MON 06]。特别需要说明的是，关键的难题是如何大量生产这些产品，连续生产工艺只适用于传统的碳纤维。

总的来说，从材料机械性能与密度归一化考虑，碳纤维比任何具有良好机械性能的无机材料都要轻。此外，碳纤维可以通过变换生产前驱体种类及热处理条件进行调节。通过对其压缩、剪切以及弯曲等机械性能分析，完成其性能总体评价，这对于材料应用成型非常关键[DRE 88]。

表 7.1  不同碳纤维室温下的主要物理性能(来源于[DEL 06a]和[MON 06])

| 碳丝 | 直径/μm | 表观密度/ ($g/cm^3$) | 电阻率/ ($\mu\Omega \cdot m$) | 热导率/ [$W/(m \cdot K)$] | 弹性模量/ GPa |
|---|---|---|---|---|---|
| 纤维素碳纤维 | | | | | |
| HTT = 1200℃ | 6 | 2.0 | 50 | 3 | 35 |
| PAN 碳纤维 | | | | | |
| HTT = 1500℃ | 5 | 1.85 | 15 | 32 | 250 |
| HTT = 2500℃ | 5 | 1.90 | 7 | 80 | 400 |
| 沥青碳纤维 | | | | | |
| 各向同性 HTT = 1500℃ | 10 | 1.65 | 20 | 4 | 50 |
| 中间相 HTT = 2500℃ | 12 | 2.10 | 3 | 500 | 700 |
| 气相沉积丝 | 10~15 | 2.0 | 10 | 1000 | 750 |
| 多壁碳纳米管 | 0.02~0.05 | 2.1 | 约1 | 2000 | <1000 |

## 7.2　复合材料

在开发制备各种复合材料过程中，碳纤维的选择和编织是非常关键的，但主要因素是纤维与基体的相互作用会影响到机械力的转移。这就是为什么我们要首先回顾这些相互作用的起因，这取决于丝的表面及基质的化学性质。接下来，我们将会回顾主要复合材料种类，包括最新的纳米复合材料类别。为此，我们在表框 7.1 中列出了影响应用过程的编织及结构。最后，我们将会考察具有特别热-机械性能的 C/C 复合材料、陶瓷材料的生产及应用，这些特性在几个创新和高技术领域中已经取得重大进展。

### 7.2.1　碳纤维-基质间界面

正如我们在第 6 章所看到的一样，碳纤维和基质之间的界面与两类参数有关。首先从几何空间看，包括热膨胀系数，各个方向上各不相同且呈现各向异性；从化学角度看，更为复杂[DEL 06a]。所以必须了解润湿和黏附的问题，然后控制可能的表面化学反应。

第一个参数是由分子间相互作用决定的，这种相互作用是可逆的，而第二个参数引起化学吸附作用，伴随不可逆共价键的形成。所有这些作用可以同时发生，因为它取决于表面能，以界面剪切阻力的作用形式而体现，是定量碳纤维-基质相互作用的一个物理量[VIX 03]。

我们仔细研究会发现，石墨烯平面是低能量表面，表面湿润具有较强的疏水性。所以从与聚合物的相互作用可以看出，界面剪切阻力的性能与可逆黏附能之间呈线性关系[DEL 06a]。正如我们所见，石墨烯的结构缺陷和多环芳烃平面边缘是表面活性位点，可以形成真正的化学键。表面化学特性由碳纤维的结构所决定。径向分布比同心卷曲结构产生更多的化学反应活性位，但这点可以通过表面处理而改进[VIX 03]。为达到这种相容性使碳表面具有部分亲水性以便更好与某种基质相接触，但这将导致层间剪切系数增加。

从断裂的机械角度看，碳纤维-基质间过强的键能将会导致基质裂纹的大量发生，显示较低的弹性模量和易碎性能，这种现象是不希望发生的。所以必须控制和调整这种相互作用，以避免界面间的黏附损失和得到循环诱导下很重要的疲劳强度。

　　第一个碳纤维由纺丝或纺织物的丝线制备得到。它们的制造技术基于传统的工艺方法，与第一批纺织物及布匹有同样的背景。有关主要纤维状碳的类型，特征是具有非常高的不对称长径比，具有石墨碳内在的结构各向异性。这些对象包括在不同分级系统，然后形成多维度模型描述的织物组合和复合结构［DEL 09］。

**碳纳米丝**

　　在气相状态，经催化生长过程产生的非连续碳丝，直径分布从 1nm 到大于 1μm。一个简单原子石墨烯平面卷曲封闭后会形成单层碳纳米管，直径在 1nm。多层同心卷曲的平面会提供一个理想的多层纳米管结构，但是也可以观察到更为复杂的晶态形成，导致轴中心空洞的消失。纳米管本身可以通过在聚合物中分散–凝聚技术和通过微孔穿过流动形成的细丝进行组装。

**碳纤维的布置**

　　如本文所述，凝聚态物料经过纺丝技术得到碳纤维束。这些单丝表面涂上一层聚合物以便加工，在制造过程中被纺成丝束。不同制造商将单个纤维缠绕成包含几百甚至几千根纤维的丝束，最高可以达到包含 320000 根纤维的线缆。

**纺织品构造**

　　碳纤维丝束可以在一个方向上或多个方向上进行排布，接下来是热处理预先编织好的预制品，有时预制品需要提前用聚合物进行预浸渍。纤维结构的选择受预测的受力方向和计算机模拟确定的数据模型形状影响。

　　主要空间构造示例如图 7.6 所示，受力方向的选择包括一个或多个方向。也有些切段的短纤维或短纳米丝随机分布在基质中。总的来说，这些是经典的编织技术，也采用各种针织技术，可以制造厚平板或弯曲的部件。在设计和生产各种 C/C 复合材料过程中都会看到这些编织技术［DEL 06a］。

## 7.2.2　复合材料和纳米复合材料的主要类别

　　很有必要区分经典复合材料和最新开发的纳米复合材料的不同。像我们所看到的，这些材料具有较低密度但对快速重复机械诱导具有较高抵抗疲劳特性［DEL 09］。在第一种情况下，使用了各种特殊界面特性的基质材料。

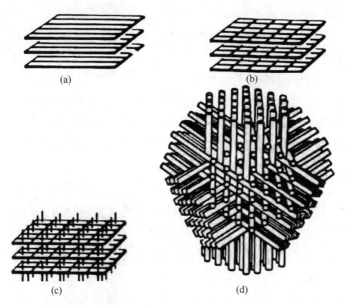

图 7.6　复合材料中碳纤维增强材料空间布置实例：(a)单方向；(b)双方向；(c)三方向；(d)多方向(来源于 P. Delhaes[DEL 09])

### 7.2.2.1　矿物基质和混凝土

轻金属如镁或铝，必须控制它的渗碳，也被使用在建筑物或艺术品混凝土中的机械支撑。针对这类情况，对短纤维表面进行处理使它和水兼容并能够较好分散。当碳材料体积分数达到一定数值时，所期望的渗流效应导致对放电产生保护性法拉第笼屏蔽，或由于本身的压敏电阻感应器特性，受到外部干扰比如地震时，结构会发生自动变化[CHU 03]。在市政工程中，建筑物和桥梁的加固和修复是正在增长的应用领域。

### 7.2.2.2　聚合物基质

聚合物基质包括热固性树脂(如环氧树脂)或热固性塑料(如聚酯)，统一称为碳纤维增强聚合物，简写为CFRP。这些复合材料代表了迄今为止的绝大部分应用，具有完美的工业过程，可控制单体或聚合物的润湿性和黏度，其必须完全渗透进入预制件中。有两个办法可以使用，第一个是使用液体工艺将单体注入(称为拉挤成型铸管技术)，然后用热工艺聚合或辐射热固性聚合物。第二个是将溶解或稀释的聚合物直接引入(模塑或热压技术)，在高于玻璃过渡态温度注入得到热固性塑料。

两个主要应用领域正在驱动行业发展——工业和运动娱乐[TEC 12]。工业应用主要涉及交通运输，首先是航空器材，其轻质复合材料的作用越来越大，在汽车和铁路行业的应用事实上也在增长。目前一些由空客和波音制造的大型客机有一半以上的结构框架使用了这种类型的复合材料。请记住它最大的好处是减重，最大的缺点是达到使用寿命后的循环回收问题。还有一个相关的行业就是能源行业，如大型风动叶片、高压储气罐和深海油井的开发。另外一个重要应用行业是体育器材：网球拍、滑雪板、高尔夫球杆、自行车赛车和赛艇等。

### 7.2.2.3　陶瓷基体

基于碳化硅或碳，这些复合材料被称为陶瓷基复合材料，简称 CMC。它们显示了独特的高温性能和需要特殊的制造技术[THÉ 06]。这些复合材料需要提供一定厚度的高温热解碳与使用的碳化硅作用以便优化物理/化学性能。

十年前新开发的纳米复合材料还没有对行业产生重大影响，然而有几个重要的特点值得关注。对于一个圆形截面的长丝，表面积与体积的比值与丝径成反比，所以在恒定体积分数下界面面积增加会起到至关重要的作用。此外，在纳米尺度上丝的弯曲效应会产生新的物理性能。这些已经不是通常被认为符合经典力学定律的连续介质-经典复合材料所观察到的物理性能的简单外延。如在第 6 章中讨论多相态环境时，胶体特性起到关键作用，因此使用分散和凝聚态实验方法去制造定向或随机排列的纳米管复合材料是合理的。对于化学上兼容的基质，如聚合物、塑料、树脂或熔融沥青，可以在液体状态下制造。增强材料的应用可以避免基体的裂纹产生扩散，增加材料的延展性。最近，这个主题正处于全面发展期，得到了深入研究[SAL 06]。

## 7.2.3　碳–碳复合材料的制备

这些新的材料展示出多晶石墨的耐火特性，我们在第 5 章有所描述。此外，在一些领域它们取代了大型石墨产品，由于它们具有优良的耐热结构特质。我们将会描述和比较其在新的相关领域的主要进展，主要是运输和有关电能的领域。我们必须首先依据碳纤维的特性和空间布局确定碳纤维预制品。就第一点而言，碳纤维和基体具有相同的化学性质，所以不存在界面兼容性的问题。然而石墨碳会显示各向异性，如热膨胀系数，所以需要根据产品需求考虑碳纤维和基体的共存结构。第二点是确定碳纤维的构造（见图 7.6），确保部件具有在特定方向上所需要的力学性能。经计算机模拟预测，这些部件必须使用现存的行业方法来制造[TEC 12]。在此前提下，制备过程主要意图是填充预制品的孔隙，优化最终材料。为此,开发了使用气体或液体两种主要前驱体的致密实化方法。它们也可以调整和联合以便得到最佳的复合材料。

### 7.2.3.1 气相渗透工艺

如我们在第 5 章第 5.2 节所看到的,烃类气体在 1000℃ 左右热分解,然后沉积、成核、生长,产生热解碳。在碳纤维预制件内部,整个沉积过程机理涉及气相物质的扩散常数与反应速率之间的竞争[DEL 09]。实验结果受以下两点影响:沉积速度限制和基体的质量,特别是其可石墨化或不可石墨化的特征。已经使用无数化学反应器试验去优化这一过程,特别是瞬时效率[DEL 06b]。

### 7.2.3.2 使用加热快速固化法技术

在不同温度和压力分布梯度场的实验方案中,最初的方案基于在热表面上加热液体并气化液滴,很快有了显著改进。在 19 世纪 80 年代,法国的 CEA 建造并改造了一个快速固化反应器,如图 7.7 所示。一个多孔样品在液体中通过电

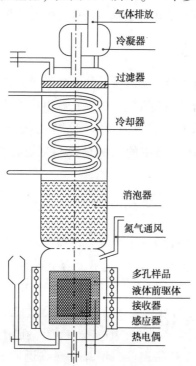

图 7.7 通过电感应加热作为受体碳质预制件的快速致密化反应器示意图
(来源于 P. Delhaes, P. David 和 C. Robin-Brosse[DEL 06b])

感应加热到 800～1300℃，周围液体如环己烷被加热到沸点。在预制件内形成了一个较高的温度分布场，固化前端从预制件的中心开始并迅速辐射发展。这一过程减少了渗透时间，从传统工艺的几天降低到只要几个小时。然而，安全和环境条件以及最大尺寸和在操作条件下的复合材料均一性必须得到进一步加强。

### 7.2.3.3　液相浸渍

这种情况下，前驱体可以是有机树脂或化学改性沥青，所使用的技术与现有聚合物基体所用技术类似[MEN 03]。为此，在碳化之前要将前驱体液体在压力下高效润湿和渗透进预制件内部。这一操作在温度 700～1000℃ 下进行，由于碳化或高温热处理形成碳沉积，必须经过多次循环浸渍才能保证将绝大部分空洞填充好。在使用树脂时，一般是使用酚醛或环氧树脂，我们将聚合物单体渗入使其在原位发生聚合和交联，所得到的碳是不可石墨化的，其密度仅在 $1.5g/cm^3$ 左右。有关沥青工艺，根据它们的来源和化学组成(见第 3 章)，可以是各向同性或中间相沥青。后者更容易石墨化，展示出最佳的机械和热性质。

### 7.2.3.4　组合工艺制造

通常使用一个操作过程就将碳纤维结构框架形成完整致密体是不可能的。液体浸入后经过碳化后会留下一些孔洞，这些孔洞很难接近。随后使用较慢的气相浸渍技术进一步改善最终复合材料的致密度，在石墨化后达到 $2.0g/cm^3$。像我们在多晶石墨中所看到的，残留的孔洞是限制热机械性能的主要因素，必须消除。

## 7.2.4　碳−碳复合材料的应用

记住这点，所描述的各种工艺目的是以纤维内及纤维间的孔洞最佳填充来保证碳纤维−基体间的最佳相互作用的。这些复合材料的最后密度在 $1.5～2.0g/cm^3$ 之间变化，密度提高使其机械和热性能得到改善[THÉ 06]。所以，选择使用气相渗透技术可以改善基体的可石墨化结构和热机械性能，例如飞机所用的盘式刹车片就是这种情况，可以有更好的性能。同样，在航天领域应用中，选择组合工艺技术可以提高最终产品密度，增加材料在返回大气层时的抗热冲击性能。这些可切削的材料显示出两个明显不足之处：残余的孔洞和易氧化度，特别是在碳纤维和基体的界面处[VIX 03]。使用几层不易氧化的耐火材料对其表面进行处理以避免氧化。这样通常会增加材料的重量，并且需要更多额外的操作过程［DEL 09］。

主要的应用范围如下所示：

化工和医疗行业：这些薄的部件比第5章描述的多晶石墨更不易破碎。一些应用包括用于金属部件热处理炉子底座和炉板，或多晶硅制造冶金用坩埚。另外一部分是生物材料的应用，这部分已经讲过。碳被认为是生命有机体相容性最好的：在大体积状态下它都是生物惰性的。用碳制成的生物假体和外科植入体已经应用和发展了几十年，但一直没有取得重大突破［DEL 09］。

航天相关领域的应用：这些可以进一步细分为两组，火箭发动机和重返大气层部件。对于火箭发动机，离开燃烧室的高温气体必须经过管道引导产生和控制推动力。这个部件必须轻质而且能耐得住周围极端环境，这要求排气管推进器由高密度 C/C 复合材料制成（见图7.8）。在阿丽亚娜火箭5号发射器内对固体燃料进行调整，额外增加使用低温液氢燃料，应用显示这些复合材料具有良好的抗热抗机械冲击性能［THÉ 06］。已开发各种用于导弹返回大气层的部件作为热防护罩。这些材料的烧蚀性能也在不断优化，在重返大气层时吸收的热量及相关导热通量是最大的。导弹的外部温度几分钟内可以达到3000℃，和其他剥蚀机理相关的材料升华现象也会发生，造成材料损失。

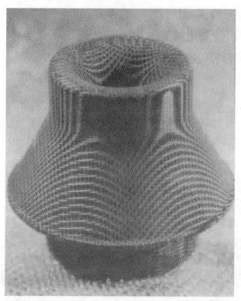

图7.8　由SNECMA公司用4D碳纤维和中间相预浸沥青制造的尾管推进器样品
（源于 J. Thébault 和 P. Olry［THÉ 06］）

刹车片和运输行业：C/C 复合材料刹车盘的生产，首先是在军用飞机上使用，后来发展到民用飞机使用，是 30 多年来最重要的新应用开发。它也被应用于地面交通工具、赛车和高速轨道列车。基于对多晶石墨的大量研究，这种类型的复合材料已经被确认为最适合刹车条件[THÉ 06]。目前，制造开始于 3D 针状 PAN 碳纤维结构，其在平面状态上是各向同性的，然后采用碳气相沉积过程得到可石墨化的薄层热解碳，如第 5 章所述。从摩擦学角度看，必须控制摩擦和由润滑残渣引起的移动部件的磨损。表面的物理/化学侵蚀取决于气体的性质以及表面所达到的温度，但也与散热有关，散热也要不断改进[DEL 09]。飞机刹车片必须满足两个指标要求：首先，日常刹车过程中要几乎没有磨损及裂纹，第二就是紧急刹车时要能够让满载飞机及时停下确保其安全。这是一个世界范围内的最大市场，2010 年这种高科技产品达到 1200t/a。

在核能行业应用：如我们先前所述，碳材料在核工业中用于减速中子。在铀核裂变反应堆中，多晶石墨或非常纯的 C/C 复合材料是非常有效的中子调速剂。由辐射造成的损伤，空间上有所不同，已认真分析并完善[DEL 09]。对于双原子聚变反应堆，原理上就是氘和氚的聚变，释放出大量的热能，然后转化为电能。必须在一个闭合环形磁面约束装置(称为托卡马克装置)内形成高温等离子体，其壁面温度达到几千度。关键问题之一是控制反应堆内表面与高温等离子体的相互作用，内表面部分由 C/C 复合材料构成(见图 7.9)，在高能中子流存在时具备良好耐火和热阱作用。这些复合材料砖采用组合工艺致密化技术不断改进，但其使用寿命有限，烧蚀现象会导致无定形的氢化碳原子形成和滞留，释放高放射性的氚[BUR 00]。在现代 ITER 项目(国际热核反应堆)中生产一种全新的一次能源，条件更加严苛，这些复合材料和其他材料相比，在热和中子流冲击下显示出更好的性能。

图 7.9　位于法国卡达拉舍 CEA Tokamak Tore Supra 核聚变反应堆内壁
由 C/C 复合材料砖布置

## 7.3 总结和要点

典型的碳纤维，发现仅仅五十多年，但已构成了一类新的高科技材料。自发现以来，已生产了几百吨的碳纤维[BER 74]，对这些碳纤维也进行了无数的改进提高。在所有矿物衍生的纤维中，碳纤维是最轻的和最耐热的，这是其决定性的优点，特别是在航空航天领域，当然也可以用在娱乐和体育活动中。

值得记住的有：

① 目前全球的生产能力在过去 30 年增加了百倍以上，达到了 40000t/a 左右，实际上几乎所有的碳纤维生产源于合成纺织材料聚丙烯腈(ex-PAN 纤维)原料。

② 这些碳纤维与复合材料的发展息息相关，其不同层次的空间结构明显模拟自然界的结构和形状。特别聚合物或碳基质的复合材料具有特殊的机械性能，是迄今为止已知单位质量最高的[EVA 01]。碳纤维复合材料使我们能够设计制造出比传统的冶金构件更轻的构件。

③ 要做到这一点，很多新发明的生产工艺利用计算机模拟设计部件，并与材料技术进步相结合。为此，纳米复合材料在未来仍有在成熟的市场展现的机会。

### 参 考 文 献

[BER 74] I. BERKOV, La Recherche, vol. 5, pp. 574-576, 1974.

[BUR 00] T. D. BURCHELL, Chapter 3, in H. MARSH, F. RODRIGUEZ-REINOSO(eds), Sciences of Carbon Materials, Publications of the University of Alicante, pp. 117-147, 2000.

[CHU 03] D. D. L. CHUNG, Chapter 10, in P. DELHAES(ed.), World of Carbon：Fibersand Composites, Taylor and Francis, London, pp. 219-241, 2003.

[DEL 06a] P. DELHAES, P. OLRY, L'Actualité Chimique, vol. 295-296, pp. 42-46, 2006.

[DEL 06b] P. DELHAES, P. DAVID, C. ROBIN-BROSSE, L' Actualité Chimique, vol. 295-296, pp. 52-56, 2006.

[DEL 09] P. DELHAES, Chapters 4 and 5, Solides et matériaux carbonés, volume 3, pp. 169-243, Hermès-Lavoisier, Paris 2009.

[DRE 88] M. S. DRESSELHAUS, G. DRESSELHAUS, K. SUGIHARA, I. L. SPAIN, H. A. GOLDBERG, Graphite Fibers and Filaments, Springer-Verlag, Berlin, 1988.

[EDI 03] D. D. EDIE, Chapter 2, in P. DELHAES(ed.), World of Carbon：Fibers andComposites, Taylor and Francis, London, pp. 24–46, 2003.

[EVA 01] A. G. EVANS, Bulletin of Materials Research Society, pp. 790–797, October, 2001.

[ISS 03] J. P. ISSI, Chapter 3, in P. DELHAES(ed.), World of Carbon: Fibers and Composites, Taylor and Francis, London, pp. 47–72, 2003.

[MEN 03] R. MENENDEZ, E. CASAL, M. GRANDA, Chapter 7, in P. DELHAES(ed.), World of Carbon: Fibers and Composites, Taylor and Francis, London, pp. 139–156, 2003.

[MON 06] M. MONTHIOUX, L'Actualité Chimique, no. 295–296, pp. 109–114, 2006

[SAL 06] J. P. SALVETAT, G. DESARMOT, C. GAUTHIER, P. POULIN, Chapter 7, inA. LOISEAU, P. PETIT, S. ROCHE, J. P. SALVETAT(eds), Understanding CarbonNanotubes: From Basics to Application, Springer, Berlin and Heidelberg, pp. 439–493, 2006.

[TEC 12] TECHNIQUES DE L'INGENIEUR, Plastiques et composites, Ressourcesdocumentaires: Matériaux, available online at: http://www.techniques-ingenieur.fr/base-documentaire/materiaux-th11/plastiques-et-composites-ti100/, 2012.

[THÉ 06] J. THÉBAULT, P. OLRY, L'Actualité Chimique, vol. 295–296, pp. 47–51, 2006.

[VIX 03] C. VIX-GUTERL, P. EHRBURGER, Chapter 9, in P. DELHAES(ed.), World of Carbon: Fibers and Composites, Taylor and Francis, London, pp. 188–218, 2003.

# 第8章 | 分子碳和纳米碳

可以确定的最新发展阶段——富勒烯、碳纳米管和石墨烯已在第 2 章第 2.3 节有所描述。它们通过三配位碳原子共价键形成了曲面或平面(见图 2.4)。这些出现在前言中的术语,被称为分子碳以及更为广泛地称为纳米碳,是过去二十年研究最为深入的对象。这项研究显示了在物理性质研究方面的新认知,即由量子现象控制的电荷传递,而且也表现在纳米技术开发的生产方面。当前,无数的工作已经显示在认知上的不一致,至今仍然没有明显的经济影响。

我们先看一下这三类材料的主要生产方法,然后对两个具有前景的领域的认识和潜在用途进行讨论。为此,我们将从合成、提纯及生产条件开始讨论。然后我们将描述这些原子表面的物理化学现象。接着我们将会考察其具有量子特性的电子传递和基于最新发现的分子半导体的纳米电子技术。通过吸附或接枝法改善纳米碳材料的表面物理化学性质为纳米传感器提供了多种机会,将会对其进行总结概括。这些新的功能性应用在某种条件下已似乎变得可行,也将会进一步说明澄清。

## 8.1 合成和生产

如图 2.3 中所示,气相碳原子在非常高的温度和非常低的压力条件下仅以几个原子团聚体的形式存在。Kroto 和其同事们在早期研究工作中使用一束高强度激光轰击石墨,产生升华现象使其剥蚀,然后以极快速凝聚并鉴别出 $C_{60}$ 分子[KRO 91],Kratschmer 和 Huffman 首先提出使用电弧技术量化生产,使表征 $C_{60}$ 分子和不同纳米管成为可能[CUR 91]。

目前使用两类主要方法合成碳纳米管:利用在超高温度下的快速生长机理进行合成和在较低温度下利用分散状态过渡金属的催化方法。此外,将会讨论一个独立石墨烯平面的特例，以及几个原子层平面相互堆叠并通过范德华力的相互作用得到稳定较大的碳纳米管。

## 8.1.1　富勒烯的合成及表征

纯 $C_{60}$ 生产分三个阶段进行，首先采用电弧技术生产富含富勒烯的炭黑，如图 8.1 所示[CUR 91]。使用选择性芳烃溶剂如甲苯洗涤，可以分离出富勒烯，$C_{60}$ 通过液相色谱柱从它的各种同系物中分离出来。

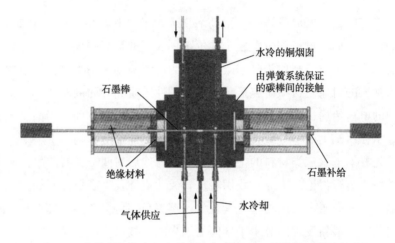

图 8.1　在氦气气氛中经水循环冷却的两个石墨棒间的电弧气化
（来自 R. Curl 和 R. Smalley[CUR 91]）

这个由 60 个碳原子组成的有机分子是可以独立分离出来的最小的相对稳定的团聚体。独特的形成机理模型已经建立。基于气化过程中形成物种( $C_2$ 和 $C_3$ 物种)的特性，构建的五元环是形成凹面原子层和笼的闭合的关键。它的形态使能量相对稳定，因为所有的共价键都能完美形成。也分离出更大的物种分子，但它们的浓度在收集到的炭黑中太低，实际上很难得到。此外，同心洋葱结构碳通过层间相互作用得到稳定，也可以在生产过程中观察到，但并不是可控的。

## 8.1.2　碳纳米管的形成及表征

现代工艺也可以清晰地分为两类[LOI 06]：通过3000℃左右的高温升华，和使用纳米催化剂在1000℃以下的气相化学沉积法(见图7.1)。

第一个途径是利用热力学方法，类似于生产富勒烯所用方法，使用诸如高能激光、电弧或太阳炉等高能量源。这些技术经过广泛考察分析，考虑了化学组成和包括惰性气体影响、升华速度以及高温度梯度场分布诱导分子快速凝结的作用。这一方法有利于单层碳纳米管的选择性生成。

第二个方法称为动力学方法，在1000℃左右使用催化CVD法，产品更加多样化，可以用来获得更大量的不同碳纳米管。已开展无数研究，目的是控制反应器参数生产多层碳纳米管和碳纳米丝。不同原子层形成的动力学机理，甚至包括热解碳的随后沉积，都会影响纤维的最终直径。因此，已鉴定确认碳纳米管空心或实心的不同管状结构。

也发现有其他不同形态的纳米碳材料，例如类似中国草帽的锥形。这些纳米物质的生成和成长机理发生在传质过程，这很难控制，也未能完全认识清楚。

取得的显著进步得益于高分辨率电子显微镜的发展。过去50多年的一些研究已经揭示了纳米管的存在，但是正是 Ijima 使用高分辨率透射电子显微镜得到的图像才证明了纳米管的存在[IJI 91]。

图8.2显示了几个原子平面层同心卷曲的直观图像实例。

3 nm

图8.2　高分辨率电子显微镜图像显示纳米尺度的几个同心碳纳米管剖面，
特别是中间的图片，可以看到是双层(来源于 S. Ijima[IJI 91])

回到单层碳纳米管的一些基本情况，有必要详细说明其几何构造。

这些碳纳米管是由带状石墨烯卷曲闭合形成直径在1nm左右的柱状体组成的，理想结构是在其两端由两个富勒烯半球封闭(见图8.3)。这种空间排列是有利的，由于所有的共价电子都形成了共价化学键，有利于内聚能最小化。仔细观察这些碳纳米管的精确拓扑结构也是非常必要的，其结构特征可以由其直径和矢量定义的螺旋角 $\theta$ 确定：

$$C = n \cdot a_1 + m \cdot a_2$$

如图8.3所示，碳纳米管的特征是由正整数$(n, m)$与单位向量$(a_1, a_2)$的乘积组成来表示的。这些数字又称为手性数字，用来区分不同的螺旋度。有必要区分一般情况或"手性对称"，这时 $n$ 和 $m$ 的关系是 $0<m<n$，$\theta$ 为任何角度；而非手性对称有"扶手椅式"情况，这时 $n=m$；以及"锯齿形"，这时 $\theta=0(m=0)$。图 8.3 中的碳纳米管代表性样品示例决定了不同的电子学特性。实验上，这些同分异构体分布的统计学混合物以束状形式存在，由通过范德华力相互作用而稳定的纳米管组成。尚未解决的关键难点是分离它们，以便得到一个确定的手性结构纳米管。

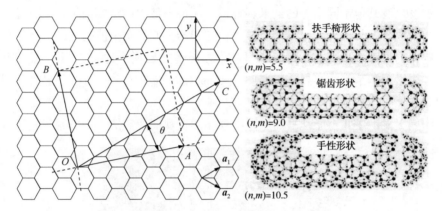

图 8.3　由单层带状石墨烯形成的碳纳米管的几何结构。手性指数 $(n, m)$ 定义了石墨烯网格 $OC$ 矢量的坐标系，垂直于该矢量进行边到边的卷曲定义了三类物质：同分异构、手性对称或非手性对称，相应的示例见图右

## 8.1.3　石墨烯带的制备及稳定性

如第 2 章所述，稠环芳烃的概念扩展到单原子平面由此产生了石墨烯的概念，但缺乏这些不同碳分子形成过程的相互联系（见图 2.4）。从经验上讲，最终得到的带状平面大小受不同的扶手椅形或锯齿形边沿限制（见图 8.3 的水平及垂直边缘）。几层原子平面可以通过机械法分离得到，单层原子平面通过在均匀平面基质上外延相互作用稳定生成[PÉN 09]。

继 2004 年 Geim 和 Novoselov 利用控制剥离石墨晶体法成功分离得到单原子平面的工作之后，无数研究已经表明有两种制备过程是非常有效的[INA 11]。一个是在选定的基体表面气相化学沉积定向附生的方法，该方法控制沉积层数是最大难题。另一个方法是在石墨层间插入化合物或使用氧化石墨中间体的其他化学过程。图 8.4 是一个原子力学显微镜的图形示例。主要难题在于控制带状石墨烯的形状和大小，以及晶体指向和结构完整性，这些会影响石墨烯质量和在绝缘或金属平面基体上的沉积。所有这些参数控制了电子结构及其化学反应性。

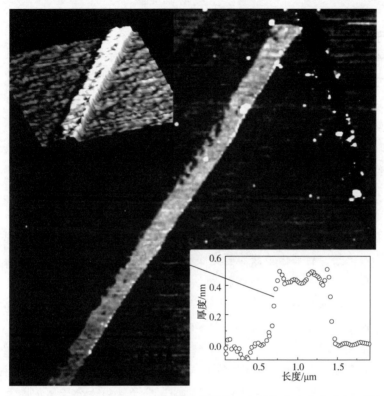

图 8.4 带状石墨烯的间歇接触式 AFM 显微镜的图像，在新切开云母表面上石墨经插入夹层缓慢分解沉降形成的石墨烯。在右下角的轮廓测定显示带状石墨烯大约 40μm 长、0.4nm 厚，相当于一个原子层(源于 A. Pénicaud 和 P. Delhaes[PÉN 09])

## 8.2　传递和纳米电子学性质

　　这些分子状态具有特殊的电子学性质，导致了纳米电子学基本原理的发现。为了解释大家关心的这些结果，有必要再回顾一下 π 分子轨道的电子特性(见第 2 章中定义)。这些一般条件在表框 8.1 中列出[DUC 06]。如果放在更广的概念里，在回看单层碳纳米管和石墨烯带的主要结果之前，给出了不同相态碳的电导性(见图 8.5)。我们将作为纳米技术的一部分讨论这些潜在应用的前景。

## 表框8.1  π体系的结构和电子特性

我们关注电子的能量分布、具有质量的量子粒子、电荷和旋转，它们遵守Pauli 不相容原理，也被称为费米子。

**电子结构特性**

两个参数非常关键：尺寸效应和电子维度作用。

**尺寸效应**

在一个分子中，原子轨道线性组合形成一个成键轨道和一个反键轨道，只有成键轨道被共价键电子占据。这种情况适用于多环芳烃分子中的 π 轨道，其中会出现一定数量能级不连续的能阶轨道。它们的性能会受到量子现象如限域能、库伦电荷效应、隧道效应等影响。

接下来是纳米晶体中的分子，原子数量及相关电子能级大幅增加，导致能量连续带的形成称作能带。为满足这一标准，需要大约 1000 个原子。从两类分子轨道出发，成键和反键，各自形成价电子带和导电子带。一般来说，价电子带填充有电子，将费米能级位置定义为在绝对零度时占据的末级，而导电带是空的。如果两个带重叠，固体就是金属；如果是相邻，就是半金属；最后如果它们之间存在的禁带或能隙值达到难以克服，就是一个本征半导体。这些能带可以由能量状态密度函数定义，为单位能量可用能级数目。

**电子维度**

这是考虑到 π 分子轨道在不同笛卡尔方向(D)上平面或曲面空间延伸的因素：

① 0D 富勒烯分子，如独立 $C_{60}$ 或晶体 $C_{60}$ 分子，由于分子间的相互作用非常弱，π 电子被限制在一个分子内，该分子像一个量子盒子。

② 1D 单壁碳纳米管，是半导体或金属取决于其螺旋结构（见图 8.3）；多层碳纳米管沿其轴线方向总是或多或少具有金属特性。

③ 2D 石墨烯平面，趋向于一种理想的半金属；对于无限长的石墨烯带，两个能带是相邻的，实际上间隙很小。电子表现为一个可以忽略质量的量子颗粒，展示一种不同寻常的特性，如非常高的速度运行。这些被称为狄拉克费米子[CAS 09]。

④ 3D 各向异性的六方石墨单晶，其价带和导带轻微重叠，处于费米能级；在热振动作用下，载荷子是在导带和空洞中激发的电子，在价带中为空能级。

**电子性质**

这些性质涉及在空间上存在或多或少处于离域状态的电子气体。可以通过外部电场或磁场诱导其特定的静态或动态性质证明它的存在。在静态性质中，对于电磁场或磁场的响应来自热力学平衡行为。在动态性质中，电荷传递是基本性质，被称为电阻率，或相对立的电导率，电导与电势场成线性对应关系（欧姆定律）。它也会受到磁场干扰诱导其他效应（霍尔效应或磁阻效应），展示出特定的量子现象。

最后，注意热梯度的存在还导致主要与声子气体有关的热传输，这考虑到与晶格相关的振动的量化（傅里叶定律）。热导性和相关的热电效应是由外加约束条件所引起的性质。

## 8.2.1 单壁碳纳米管和石墨烯带中的电子传递

现在我们将会看到，石墨碳显示不同的电导机理[DEL 09a]。一个电子在固体中流动可以用平均自由程来表征，即两个连续碰撞之间统计上移动的距离，碰撞由网格振动晶格或存在缺陷和杂质造成。在特定长度尺度范围内，我们必须比较平均自由程和样品的大小，这是由电子相互接触的距离所决定的。从这个角度看，可以确定有三种状态：无序固体中跃迁传输，在导体中的经典散射机理，最后在 1D 或 2D 固体中的弹道传输。不同碳材料的电阻率在室温下相差几个数量级，如图 8.5 中收集到的数据所示。在前两个体系中，样品的尺寸远大于平均自由程，传输规律很清楚，把电子作为高受限域内一个量子颗粒（Mott-Davis 定律）

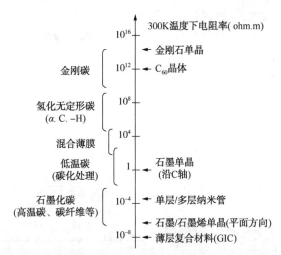

图 8.5 不同类型碳固体在室温下测得的电阻值（对数值）：左边主要是非晶态相的数值，右面是多晶型种类。该图显示导体石墨相与金刚石和 $C_{60}$ 晶体立方结构的巨大差值，后者是具有大量禁带的半导体而类似于绝缘体（来自 P. Delhaes[DEL 09a]）

或是载荷子散射传播(Drude-Einstein 关系)。在石墨晶体中，平面内载荷子(价带电子和导带空穴)在外部电场作用下显示出较高的移动性，这就是为什么图 8.5 中显示非常低的电阻抗。

这种分子中的情形相当于一个电子可以从电极一端到另一端而没有发生任何碰撞，其行为像一个没有能量散失的电导量子波。波粒二象性，量子力学的基础，典型的变化可以在单壁纳米管或石墨烯带中观察到。这是由于载荷子的平均自由程的增加以及电子流流动过程中电位电极之间距离的大幅缩短所致，与纳米技术的发展相关。在过去的半个世纪中，我们已经从毫米尺度发展到微米以下尺度。控制和测量技术已经广泛微型化以满足这种维度条件。电阻性接触的作用和控制是至关重要的，我们在 8.3 节中涉及传感器时再进行讨论。

## 8.2.2 分子晶体管和逻辑电路

我们首先必须记住晶体管是一个电子元器件，用来阻断或放大一个电信号。在 1947 年它是由美国贝尔实验室的 J. Bardeen 和 W. Brattain 发明的，他们使用锗掺杂后来是硅掺杂的半导体控制放大电流流动。随后，几种不同类型晶体管被开发应用，体积变小趋势不断加速。我们主要关注场效应晶体管(FET)，利用栅极电场变化调节从发射极到集收极的通道中的电流。半导体单壁纳米管最初是作为电流通道来制备二极管或三极管的。它们的电流密度与外加电势呈非线性关系，而且与温度有明显放大关系(见图 8.6 中实例)。

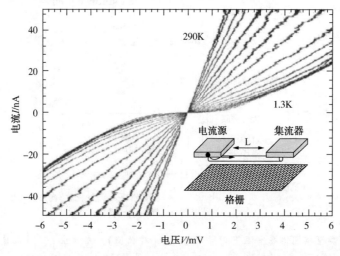

图 8.6 单壁碳纳米管束的 $I$-$V$ 特性，实验采用三个电接触，温度 1.3~290K
(来自 P. Delhaes 和 M. Bockrath 等[DEL 09a])

有关碳纳米管的几个项目研发取得了一定进展，最近更多的项目是有关控制石墨烯尺寸的。它们显示出非常喜人的相应速度，趋向于皮秒级，可以用在高频领域。

微电子和纳米电子电路整个发展趋向于微小化，G. Moore 得出的经验性的定律为：每 18 个月相同成本的集成电路性能会翻倍。1970 以来，通道长度已缩小到 1/10，现在大约在 30nm，这一数值接近于经典物理学估算的有效极限值。在纳米尺度的一些做法已趋向于量子化，而平板印刷技术和打印多层电路正接近临界阈值[ AVO 07]。

基于分子半导体例如碳纳米管或修饰石墨烯带的逻辑电路开发显示出一定的优势和劣势，最显著的是能隙值的控制[ SCH 10]。它们被寄予厚望，被认为是在纳米尺度上超越摩尔定律的战略的一部分。这需要解决三个层次的问题：

① 分子碳的提纯、分类、使用和评价，如前所见，它们并非单一化学结构体；

② 在分子水平与导线和其他元器件建立可靠的连接，以便制造可重复的集成逻辑电路；

③ 构建 2D 或 3D 结构满足制造商品微处理器，如有可能的话，和现代硅结构相兼容。

## 8.2.3　相关的量子现象

超越严格意义上的分子电子学，也观察到了其他的量子现象，它们与光学和纳米磁有关。利用光电子学将电能转换为光能(见图 3.1)。这里我们可以援引例证——在电场作用下电子在固体表面被激发，这是 Einstein 描述的光电发射效应出现在石墨或钻石上。它由于碳纳米管的针尖效应而增强，可以作为电子炮和等离子体显示屏，这正是利用了其电子束可转化为可见光[ DEL 09a]。

诱导发光碳纳米管和石墨烯的电场发光已经被证实，产生了 LED(发光器件)效应，为光电子学和光子学应用提供了基础[ AVO 07]。注意与其相反的现象是光伏效应，分离和收集由光辐射产生的电荷，这就是将这些材料用于太阳能开发利用的早期研究主题。

一个完全的量子替代是关于控制电子自旋和磁存储的读取，一个称为自旋电子学的领域。这种在量子计算机领域处理和储存数据的方法是目前正在研究的终极路径。

# 8.3 界面的物理化学性质和传感器

这些分子碳是由一个原子表面组成的,至少在终极目标下是这样。事实上,任何明显的表面化学反应性将导致内在物理性质的改变。除了这些物质氧化和燃烧以外,表面的功能化可以分为两大类:弱非共价键相互作用和化学键的接枝。使用电化学氧化还原反应技术引入特定的官能团对表面改性。这两个技术路线与第6章所讨论的物理吸附和化学吸附现象相呼应。我们将再回顾一下,然后研究它们作为功能材料的潜在用途。这些纳米颗粒对环境和健康问题高度敏感,对各种不同外部刺激有响应,所以可以作为化学或生化传感器。

## 8.3.1 表面化学功能化

我们将回顾富勒烯、碳纳米管和石墨烯所显示出相似特性的不同类型作用机制,这些特性可以进一步归纳普及适用于纳米碳,如洋葱结构石墨甚至纳米金刚石等[AKA 10]。

## 8.3.2 富勒烯

$C_{60}$和其更高级的同类物是有些特别的有机分子,在过去20年已对它们的化学反应性进行了广泛的考察探索。它们揭示的各种可能性以图形方式在图8.7中展示。

有必要区分一下封装氢原子或氮原子的内嵌富勒烯、各种表面化学反应以及利用碱性掺杂的外嵌富勒烯的不同。内嵌和外嵌富勒烯复合物源于非共价键的范德华力相互作用或者由$C_{60}$供电子特性形成的碱金属复合物电荷转移。这种盐具有非常有趣的物理性质、磁性以及超导电性。就化学反应而言,伴随有化学键断裂和新共价键的形成,笼子打开是第一步。它有利于其他原子的内嵌封装,以及随后可能和N原子键合形成杂原子富勒烯,甚至开环聚合。最后在图8.7上部中间展示了亲电和亲核进攻(E或Nu),表明后续功能化的各种可能性[HIR 02]。可以发生加氢的还原反应,或卤代特别是氟代反应,产生不同富勒烯及其衍生物[SCH 10]。

### 8.3.2.1 碳纳米管

对于单壁碳纳米管存在非常类似的表面化学特性,由A. Hirsch所开展的研究如图8.8所示[HIR 02]。

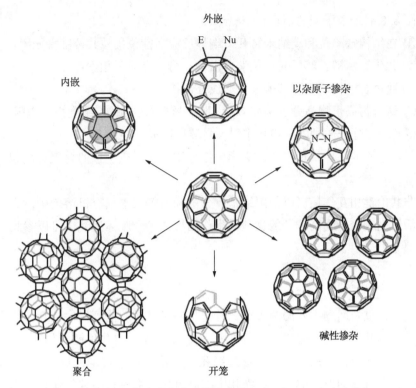

外嵌
E Nu

内嵌

以杂原子掺杂
N-N

聚合

开笼

碱性掺杂

图 8.7 对于 $C_{60}$ 分子主要类型的功能化(M. Holzinger 个人收集)

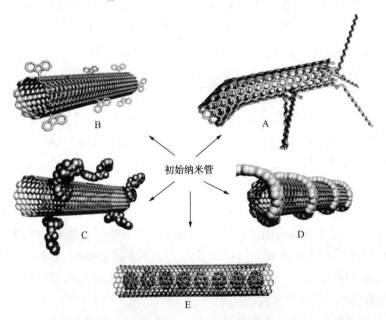

B

A

初始纳米管

C

D

E

图 8.8 单壁碳纳米管现有主要功能化图示(源于 A. Hirsch[HIR 02])

图 8.8 展示了不同的情形：

① 在结构缺陷位和碳纳米管开口端等反应活性位接枝共价键官能团；

② 共价键断键，然后通过化学自由基与另一个分子相连；

③ 通过管壁物理吸附其他分子形成外部掺杂；

④ 聚合物或生物高分子例如 DNA（脱氧核糖核酸）螺旋缠绕相互作用；

⑤ 和 $C_{60}$ 分子通过内嵌相互作用，封装后形成"豌豆"形。

对于不同的反应机理，我们必须包括控制氧化反应键接的含氧官能团，特别是羧基。

非共价键相互作用可以使碳纳米管分散和溶解在水或有机溶剂中。它们借助表面活性剂或聚合物高分子的物理吸附作用形成一个胶体溶液，可以参见第 7 章最后部分。

## 8.3.2.2 石墨烯

我们将重新回到主要的两大类。首先是通过可逆的范德华力相互作用引起的芳烃分子非共价键功能化。其次是在石墨烯带边缘形成共价键，如图 6.6(b) 所示。这些是非对称性的，与锯齿形边缘相比，扶手椅形边缘的反应性相对较弱，所以会产生特殊的形状效应。在液相中控制氧化会形成石墨碳氧化物，与先前石墨晶体氧化相像，可以作为中间体来稳定原子平面，随后必须还原为 C—H 键（最后术语为石墨烷）。这一化学方法可以用来切割石墨烯带，但是就其他新开发技术而言，再现其形态或结构完整性是非常困难的[INA 11]。

## 8.3.3 传感器、生物传感器和执行器

这些原子表面对于周围环境是非常敏感的传感器，它们的吸附现象是可逆的，因为其与非共价键相互作用有关。对它们必须进行选择以便得到特定的探测器或执行器，执行器的主动响应会使该装置智能化。基于探测模式的分子碳的响应可以分为以下几大类[HIR 02]：

① 分子吸附和质量变化会产生机械共振频率位移或者表面声波传播的变化。

② 借助电化学方法的电子传输，在电荷作用下使原子间键长发生变化，进而改变碳纳米管的几何形状，可以用于执行元件[DEL 09b]。这一电动机械效应，如图 8.9 所示，是一种人造肌肉，因为非对称引入会造成可逆弯曲。这属于第 6 章所介绍的"NEMS"家族。

③ 吸附诱导产生传统电导性质的变化，就像纳米复合材料中的压敏电阻效

应一样，接近渗透阈值时电阻会发生较大变化。当吸附的分子产生特定的扰动时，利用这种现象可以制作气体探测器[DEL 09b]。这种与选择功能化相关的构造已经被用来作为设计电阻变化的生物探测器或场效应晶体管中栅极的电压变化[BID 05]。用单壁碳纳米管作为生物探测器的实例如图8.10所示。

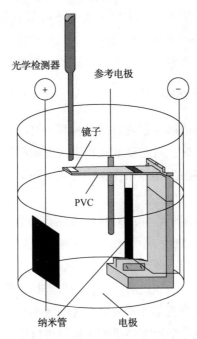

图8.9　电化学电池用来测量单壁碳纳米管的长度变化，使用借助外加电场调节电流的光学元件(改编自 R. Baughmann 等[DEL 09b])

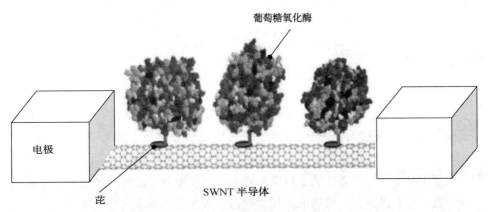

图8.10　两个电极连接半导体碳纳米管作为纳米生物探测器的示例简图。导电性变化与吸附固定在芘分子上的葡萄糖氧化酶相关(来自 C. Dekker 等，改编于 G. Bidan[BID 05])

更广泛地说，纳米技术应用沿两个轴向发展：表面自组装，或选择性接枝和内部封装。DNA 或蛋白质在碳纳米管外螺旋缠绕取决于它们之间的相互作用和碳纳米管的直径，这是一个对于构象研究可以区别的参数。选择性捕获一个酶或其他生物分子(见图 8.10)是一个针对碳纳米管以及石墨烯带开发的分析技术。最后，如图 8.7 和图 8.8 所示，一个原子或分子的封装形成内嵌 $C_{60}$ 复合物或碳纳米管复合物，这形成了一个新的研究路线。这些磁性标记物封装在富勒烯内可用于磁成像。它们也可作为载体引导药物输送到预期的生物目标地[AKA 10]。

### 8.3.4 生物相容性的评价

碳颗粒大小对生物体的影响包含自然延伸和关键问题，这些必须在纳米生物技术领域内研究。在此之前，有必要回顾以下大颗粒碳的生物相容性。一个材料的生物相容性是指其能够被生物体系作为惰性或可降解的方式接纳，与其相反的效应就是毒物学中的毒害效应。

各种血液相容材料被用于假体或外科植入物已经有几十年了[DEL 09b]。然而，对于任何自然或人为造成的小颗粒，有害健康的效应已经显现。这种情况非常明显的一个例子就是烟灰，源于发动机高温燃烧并且悬浮在大气中。大气污染物会造成不同程度的呼吸问题和皮肤问题，纳米碳材料像石棉一样也会造成这种问题。一个重要的实验参数就是各种碳纳米管的大小和形状。然而，传统的纤维的毒性显得要小很多。原位纳米毒性研究正在开展以便理解确定病理，这涉及一个复杂的相互作用过程[SMA 06]。这是在纳米技术发展过程中需要控制的主要因素。

# 8.4 总结与展望

文中的结论是关于这些新型碳材料在研究和开发中的现代成果。不同纳米形态碳材料的多种功能是基于几何形状变换进行分类的，如经典碳材料一样[SUA 12]。

它显示基于量子物理的纳米科学的到来，高性能分子晶体管的发明似乎占据主导领域。在很多方面，可靠的大规模制造过程还没有完全建立起来。

由大学和大型工业集团工程师发明公开的数万份专利已经显示碳材料技术科学的形成[TAN 12]。如在本书引言中所述，这些专利在研究和开发成果的商业保护和行业所有权方面显示了关键作用。在有社会影响性的技术创新来到之前，对经济冲击仍然很小。

　　纳米碳材料的生产量从吨级(多壁碳纳米管)到克级(富勒烯)，甚至低至毫克级(石墨烯)，其成本价与其可用的数量呈反比关系，实际上遵循指数规律。然而，期望微型化的好处会带来物料和能量的节约。需要克服解决的困难涉及这些纳米对象的分离和控制操作技术的可靠性。

# 参 考 文 献

[AKA 10] T. AKASAKA, F. WUDL, S. NAGASE(eds), Chemistry of Nanocarbons, JohnWiley & Sons, Singapore, 2010.

[AVO 07] P. AVOURIS, Z. CHENG, V. PEREBEINOS, Nature Nanotechnology, vol. 2, pp. 605–615, 2007.

[BID 05] G. BIDAN, "Le nanomonde de la science aux applications", Clefs – CEA, no. 52, pp. 67–75, 2005.

[CAS 09] A. H. CASTRO NETO, F. GUINEA, N. M. R. PERES, K. S. NOVOSELOV, A. K. GEIM, Reviews of Modern Physics, vol. 81, pp. 109–160, 2009.

[CUR 91] R. CURL, R. SMALLEY, Pour la Science, vol. 170, pp. 46–54, 1991.

[DEL 09a] P. DELHAES, Chapters 2 and 3, Solides et matériaux carbonés: Propriétésde volume, volume 2, pp. 65–176, Hermès–Lavoisier, Paris, 2009.

[DEL 09b] P. DELHAES, Chapter 5, Solides et matériaux carbonés: caractéristiques desurface et applications, volume 3, pp. 211–243, Hermès–Lavoisier, Paris, 2009.

[DUC 06] F. DUCASTELLE, X. BLASE, J–M. BONARD, J–C. CHARLIER, P. PETIT, Chapter 4, in A. LOISEAU, P. LAUNOIS, P. PETIT, S. ROCHE, J–P. SALVETAT(eds), Understanding Carbon Nanotubes: From Basics to Applications, Springer, Berlinand Heidelberg, pp. 199–276, 2006.

[HIR 02] A. HIRSCH, Angewandte Chemistry, international edition, vol. 41, pp. 1853–1859, 2002.

[IJI 91] S. IJIMA, Nature, vol. 354, pp. 56–58, 1991.

[INA 11] M. INAGAKI, Y. A. KIM, M. ENDO, Journal of Materials Chemistry, vol. 21, pp. 3280–3294, 2011.

[KRO 91] H. W. KROTO, A. W. ALLAF, S. P. BALM, Chemistry Review, vol. 91, pp. 1213–1235, 1991.

[LOI 06] A. LOISEAU, X. BLASE, J–CH. CHARLIER, P. GADELLE, C. JOURNET, C. LAURENT, A. PEIGNEY, Chapter 2, in A. LOISEAU, P. LAUNOIS, P. PETIT, S. ROCHE, J – P. SALVETAT (eds), Understanding Carbon Nanotubes: From Basics to Applications,

Springer, Berlin and Heidelberg, pp. 49-130, 2006.

[PÉN 09] A. PÉNICAUD, P. DELHAES, L'Actualité Chimique, vol. 336, pp. 36-40, 2009.

[SCH 10] F. SCHWIERZ, Nature nanotechnologie, vol. 5, pp. 487-496, 2010.

[SMA 06] S. K. SMART, A. I. CASSADY, G. Q. LU, D. J. MARTIN, Carbon, vol. 44, pp. 1034-1043, 2006.

[SUA 12] I. SUAREZ-MARTINEZ, N. GROBERT, C. P. EWELS, Carbon, vol. 50, pp. 741-747, 2012.

[TAN 12] Q. TANNOCK, Nature Materials, vol. 11, pp. 2-5, 2012.

# 第9章 | 碳技术与创新

最后一章是对前序章节中所有的信息和评论的进一步概述和分析。在此，我们将在一个更广泛的范围内考察碳基固体和碳材料的现状。我们的起点再次回到 A. Legendre 二十多年前出版的一部书[LEG 92]，这使我们看到自那以后取得的显著的技术进步。我们将分析科学和技术各自对这些材料的作用，并考虑这些材料作为一次主要能源之外的新用途，碳材料最初在第一次工业革命期间得到开发利用。

在 9.2 节，我们将把碳材料放在地球上当前可用矿业资源的背景下，着重考虑这些活动的经济性。我们将会从整体出发，而没考虑在地球上不同大陆和国家间的重大差别。我们将按经济长期循环模型来比较。这一分析是跨学科的综合方案的一部分，由 J. de Rosnay 几十年前提出[DER 75]。最后我们会做出一些结论，讲述在现代社会发展中这些技术创新的作用和影响，并且自问一下：影响我们星球未来的可能后果是什么？

## 9.1 碳材料的演变

### 9.1.1 不同时代的碳材料

在图 9.1 中，我们展示了前面章节中提到的各种碳材料的年代分类图。正如我们在第 1 章中所讨论的，在碳的自然循环中，化石资源源于各种植物的沉积。除了这些化石碳，我们还必须提到石墨和金刚石，以及气态和液态烃，它们基本的用途是作为能源储库通过燃烧提供热量或为燃料发动机提供能量。碳也作为一个化学元素还原自然界的金属氧化物(见第 4 章)。

最早一代碳材料的开发和应用实际上经历了几个世纪，木炭起始于史前一直延续到大工业革命时期。然而随着时间推移，这些材料不断得到高度开发，例如由微米尺寸颗粒组成的分散碳颗粒。此后，出现了第一个人造碳材料；特别是由煤生产的沥青焦在冶金工业变得不可或缺。通过石墨化进一步热处理得到的人造多晶石墨是耐火材料领域中的重大技术进步。碳化学过程与煤矿开发联系起来，使其成为标准化产品。

20世纪取得的重大进步是由合成材料作原料制备大宗高科技碳材料的发明［MUR 11］。这些被称为黑色陶瓷，例如各种大块热解碳和玻璃碳。生产高密度各向同性多晶石墨的创新技术开发使开发新应用领域成为可能，正如第5章所述。这一类高科技碳材料是科学和技术联合贡献的成果。这些材料新的制造过程使用了不同其他领域的工具和设备。碳纤维实例是这一过程的具体体现，第7章所描述的热结构复合材料的开发也是如此。另外，重要的是，注意相关发明和研发使用最新的等离子沉积技术生产人造金刚石薄膜和类似的非晶态形式。

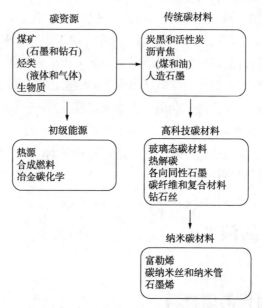

图 9.1　碳资源使用和开发史及主要商业碳的种类

最后，最新的发展标志是全新的纳米碳材料的制备，一个与各种胶体颗粒相对应的通用术语。这些是富勒烯后单层或多层碳纳米管以及由一个或几个碳原子层堆叠的石墨烯片。第8章描述的一些基础研究产生的发现和发明推动了纳米电子学和特定传感器发展的显著进步。在技术微型化的领域，因为这样可以需求更少的材料和能源，这种技术发展趋势是不可阻挡的。

## 9.1.2　按活动的范围和目的分类

如我们在第3章最后部分所见，利用固体界面和外界交换性质定义一个具有固有体积属性的材料。事实上，热力学定义（见表框3.1）告诉我们固体本身是一个独立体系，当和外界发生交换时才被认为是材料。我们面前存在的热力学体系是封闭的还是开放的取决于和外界只有能量交换还是能量和物质都能各自交换。当有化学相互作用的情况下，物质和能量同时发生传递，是一个典型的开放体系。正是这种开放体系，不同程度的远离平衡状态，会导致一些特殊行为，如在表框3.1中所讨论的。

为了说明这一过程，我们根据目的不同对不同的应用进行分类，涉及材料及相互作用类型。这一要点重述，如表9.1所示，再次关注图5.2（从A. Legendre借用［LEG 92］）所展示的应用领域和特性。表9.1包含几个不同论述，随后的部分完全是有关能源的内容。至于化学反应，自然碳被广泛用作家庭、工业以及水泥行业的热源。冶金焦炭是大量使用的转化原料，尽管它们本身也会用于其他材料的生产。对于后者，取决于目标功能不同，有必要选择与气体、液体或固体之间活性界面的类型。在这一化学背景中，我们也要包括摩擦化学和磨损过程。特别要说明的是多孔碳材料用于选择性吸附气体和液体，在解决局部污染问题时被越来越多地选择。粉末、颗粒、纤维和纤维织物等不同形式的吸附活性炭被用来吸附挥发性有机物（VOC）和净化废水或污水。为此，有必要在制造过程中不断改进以便控制孔的大小和孔道连接。

**表9.1 基于其活性界面的碳材料主要应用领域分类**

| 界面特性 | 主要应用 | 碳材料 |
| --- | --- | --- |
| 化学反应性 | | |
| 燃烧 | 热能 | 天然煤炭 |
| 碳还原 | 冶金行业（Fe、Al、Si等） | 冶金焦 |
| 摩擦化学 | 刹车片、电刷 | 多晶石墨和C/C复合材料 |
| 吸附 | 污染防治和环境保护 | 活性炭 |
| （热）机械相互作用 | | |
| 支撑、载体 | 轮胎 | 炭黑 |
| 剥蚀 | 体育及休闲 | 碳纤维及冷复合材料 |
| 防护 | 宇宙飞船、核反应堆 | C/C复合材料 |
| | 坩埚、切削工具 | 玻璃态碳、钻石类碳 |
| | 生物碳材料 | |
| 传热导体 | 耐腐蚀换热器和陶瓷 | 高密度各向同性石墨 |
| 光学特性 | 珠宝、光电子技术 | 自然的和人造的钻石 |
| 电子迁移 | 充电电池 纳米电子学 纳米传感器 | 插层化合物 碳纳米管和石墨烯 |

通过机械应力、热传递能量或电荷传递信息等不同的传递方式需要的材料是不同的。它们的独特性基于它们所要达到的目的——机械、热或光。最后要强调的是，自然界的钻石具有独特的光学特性，尽管这一方面，与用于不同工业用途大量生产的人工钻石相比，被认为是有些不值一提。

## 9.1.3  在能源中的作用

如我们在图3.4中所见，煤炭的开采在总化石能源中占比接近30%，它是第二大主要能源。大约2/3的煤炭被用来直接发电，1/3用来作为热源，其中20%用在了冶金和高耗能水泥行业[JAN 12]。在21世纪的初期，这一生产趋势有所增加，由于煤矿在几个大陆和地区相对可开发度比较高，其相对平衡的地理分布有助于大范围开发利用。可采储量大，尽管应用限制于相对局部地区，但开发应用是在增长的。事实上，煤比天然气和石油更难输送，其开采过程也比较危险[MAR 08]。

在第1章，我们根据地质成因和碳含量高低对不同类型或等级的自然煤炭进行了分类。这种分类方法可以通过优化图9.2中所示的各种分类来完成[JAN 12，IFP 10]，可以根据它们的预期用途进行区分。低阶煤、褐煤和长烟煤为最低等级煤，尽管其热值较低以及含水会产生灰分和污染性气体，但对发电具有一定的价值。相反，烟煤、高阶煤和无烟煤(仅占所有煤炭资源1%)是生产冶金焦必不可少的，并且相对清洁，其释放的气体主要是$CO_2$。所以只有一类烟煤具有较好的焦化特性，这是生产铸铁和钢所必需的。这种情况同样适用于从氧化物还原得到铝和硅。重新用碳化学部分替代石油化学制备化学前驱体也是非常必要的，因为工业上不能没有碳质前驱体资源。

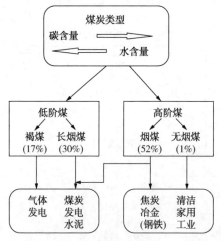

图9.2  天然煤炭的主要用途简介(来自 J-M. Jancovici[JAN 12])

第二点就是碳材料在二级能源转化和储存中的重要作用，主要是通过燃料电池这种中间体作为氢能或电能的载体。图9.3显示与不同材料相关的各种能量转换的关系简图。暂时回到自然煤炭燃烧放热提供热量，即能量降级最严重的形式，借助蒸汽机和发电机机械能中间媒介发电的转化效率受到一定的限制。有一点涉及核能工业，碳复合材料被广泛用作中子减速剂。如果存在储存放射性废物或富铀矿供应的问题，对这一领域的中长期未来影响是至关重要的。最后，碳材料可以用来回收太阳辐射的能量。它们是通过太阳能吸收板(太阳能热水器)将光子转化为热能或利用光伏电池板转化为电能，尽管这些设施的效率有待进一步提高。

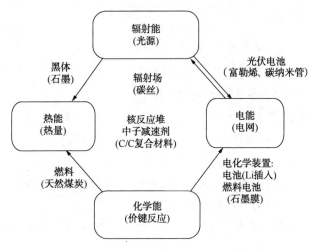

图9.3　能量转换过程中使用不同碳材料简图

目前应用最广泛的是电化学转化，主要是利用电池和储能设施以及超级电容器。借助大容量可充电锂电池，电力储存正在被广泛开发应用。一个更常见的问题涉及移动电子器材和电动汽车相关的要求持续时间长但间歇使用的能量开发应用[VIT 11]。在这一技术进步的背景中，先前提到的电化学储能是需要优先研究发展的领域，以便满足不断增长的需求。

# 9.2　社会经济方面

## 9.2.1　经济性评价

现在我们把话题转到有关天然煤炭及其衍生物的活动对经济的影响。我们将简单考察当全球面临可能的主要原材料短缺时有关行业应变管理的途径[DER 75]。为此，我们收集了在本章开始时列举的各类碳材料的数据，如表9.2所示，对吨产量和商业价值进行比较[MUR 11]。

表9.2　以吨计的2010年世界碳生产量和主类原料的经济影响

| 碳材料的类型 | 世界生产量 | 经济报告(估计2010年)/欧元 |
|---|---|---|
| 主要能源 | 煤矿炭(7Gt) | 约10亿* |
| 标准碳： | Fe、Al、Si 等电极生产(0.5Gt) | 60亿 |
| 冶金焦 | 活性炭(1Mt) | 18亿 |
| 其他碳 | 炭黑(9Mt) | 90亿 |
| 高科技碳： | 石墨和热解碳(10~20Mt) | 22亿 |
| 黑白陶瓷 | 人造钻石(120t) | 10亿 |
| 碳丝 | 碳纤维及复合材料(40000t) | 11亿 |
| 纳米碳材料 | 碳纳米管和石墨烯(百吨级) | <10亿 |

* 估算价格高于100欧元/t(译者注：可能数据有误)。

目前，碳行业产值大于200亿欧元[MUR 11]，但没包括低产量的钻石矿业(大约25t)，其具有较高的附加价值，按珠宝考虑的话价值在60亿欧元左右。在全球经济范围里这不是一个非常显著的市场，但每个分支领域都有影响力。各种不同碳材料在其涉及的许多行业内占据战略性的地位，例如冶金、环境和运输。

分析表9.2可以得出一些重要结论：

① 每年产量有较大差别，从天然煤炭10亿t到传统及高科技碳材料百万吨以及最终吨级的纳米碳材料。

② 其相应单位价格与其吨产量成反比，从煤炭开采价0.1欧元/kg数量级，根据品级有一定变化，到大约100~1000欧元/kg，直到分子碳的天价水平。

③ 即使为了节约冶金焦作为还原剂，不断增加金属循环使用量，但传统碳材料仍是最大的稳定市场。高科技碳材料产量在稳步增长，特别是40年前开发的碳纤维作为结构增强材料。

④ 最后，纳米碳材料是最近才被发现，其技术潜力已经显现：正如我们过去所讲，相关的发明创新在未来几十年可以完全实现。相比成熟的硅行业，它们需要创造新的应用领域。尽管很多专利已经被登记授权，技术创新的产品开发还未在最终市场上得到应用。这是一个"漏斗"问题，无数的发明进入到市场，经过几轮社会和经济相结合的标准筛选，只有少数成为商业上有价值的发明。

实际上，这一市场分析表明尽管天然煤炭，特别是高碳含量的，不再作为能源，但在重化工领域作为还原剂和工艺中间体仍是必不可少的，这种每年数十亿吨数量级的原料是很难被替代的。

## 9.2.2　经济转型与循环经济

在 21 世纪初期煤炭气化重新兴起成为事实，尽管这似乎出人意料[MAR 08]。这一现实在减少温室气体排放的背景下似乎是矛盾的，因为与其他化石能源所能提供的相同能量相比，煤炭会释放出更多的 $CO_2$、烟灰进入大气（见表 3.1）。尽管已经完成很多技术改进，生产出有一定讽刺意味的所谓"清洁煤"，但人类生产的 $CO_2$ 只会增加。这也引起一些临时措施的尝试，如封存——也就是捕获和储存 $CO_2$ 在天然洞穴里，但这并不是永久解决技术。考虑到全球的需求情况，这一情形会毫无疑问地贯穿 21 世纪。在自然碳循环中另一个解决方案是基于光合作用的，因为其促进生物质的增加（如森林再造、微藻反应器等）。后者可以作为食物和生物燃料，这是非常关键的。将来当自然沉积的煤炭短缺时，它可以用来制备应急的植物碳。对于这种要发生的情况，有必要开发人工光合作用反应，达到与自然界一样的高效，加速 $CO_2$ 排放和再生的循环。

总的来说，无数分析已经表明伴随着发现和发明的高潮迭起，技术和经济发展存在相应的周期性，正如 C. Levy - Strauss 所提的一样。这一发现与 N. D. Kondratiev 所研究的长期经济循环基本一致，显示大约半个世纪一个周期，有发展的低潮和高潮阶段。J. Schumpeter 进一步阐明这种循环与某些技术淘汰相关，引入创新破环现象[PAR 10]。这些与持续的工业革命相关，反过来与能源开发持续发展紧密相连。

考察世界上一次能源的主要来源，我们可以看到（见图 3.4）植物作为一种可再生能源，在大约 1880 年被煤炭替代作为燃料资源。二次世界大战后煤炭又被石油和天然气所替代。

假定一种能源场景，没有压裂技术，在大约 2030 年煤炭将重新作为一个主要能源，能源循环周期大约为 70 年。一个更远的推断是假定当代核能（增殖反应堆和核聚变不能运行），以及传统的油气资源（页岩气还没开发）。

在这一假定中，和 Kondratiev 宏观经济周期论的相关性非常明显。这是基于全球经济与可用能源相关性，这一理论在热力学经济模型的背景中是合理的。事实上，由 N. Gorgescu Roegen 和其追随者将热力学定律引入经济学是非常有趣的。能源转换的作用和经济发展理论模型中熵的产生是中心话题[KUM 11]，但超出了本书的范围。

表 9.3 能源转换纪年表和相关的技术经济周期

| 主要一次能源 | 过渡时期 |
| --- | --- |
| 生物质(木材)—煤炭 | 1880 年前后 |
| 煤炭—石油和天然气 | 1950 年前后 |
| 石油和天然气—煤炭 | 预计 2030 年前后 |
| 煤炭—可持续能源 | 估计 2100 年前后 |

如表 9.3 所示，这一相关性使我们推测可持续能源占主导地位最快应该在 2100 年前后。放在全球范围内考虑，通向可持续能源的道路将是贯穿整个 21 世纪的一个非常长的过渡时期。主要能源将是借助光热或光伏回收太阳辐射能，但是可再生的生物质开发也将是一个重要资源。这一转换也将与新的信息和通信纳米技术相关，这也被称为第三次工业革命。这一技术进步已经在发生，必将伴随能源供应的减少，尤其是最终能源使用的优化过程而继续。这将基于社会的深度变革。

# 9.3 结语

我们已经考虑两点：首先，发明和发现的过程包括创新的可能通道，第二，技术对文明进步的影响。经常谈及的一个共同观点认为技术进步和创新的关系是显而易见的，事实上这个观点应受到批评。

像我们在前言中所述，通常会区分认知科学和生产力科学，分别通过公开出版物和专利加以体现，有时专利被某个公司所持有的专有技术所替代。这两个方面在技术科学的概念中是相互交织在一起的[BEN 09]。后者的发展是发现和发明共同作用的结果，不能明确说明其"因果"关系，就像问"鸡和蛋"的先后问题一样。

对于第 2 章所描述的不同碳的发展时期，我们已经看到可以分为几个阶段来说明其发明出现到发明技术淘汰的周期(碳复写纸现在还有用吗?)。所以天然煤炭的开发，正如我们已经看到的一样，一定会进入一个衰退时期，而最近发现的纳米碳材料才刚刚开始，创新前景无限。

技术进步是社会经济发展的主要动力，是通过科技/政治/经济权力三角形支撑管理的工具[MAL 11]。经济如何影响现代科学管理，反之亦然，仍然是当前未解的疑问，即使在它们之间找到直接联系都很困难[STE 12]。在从研究开发到生产创新的路径上似乎看不到明显的联系，像漏斗一样。然而，最近的发明及不断累积已无处不在地发挥作用，特别是研究社会发展进步时，已经影响，甚至有时控制了今日整个世界。

这将导致我们会问很多的哲学问题，关于技术进步的不确定性观点。技术的矛盾认识是一个相当古老的问题，这在 J. Ellul 最近出版的书《技术体系》(Le système technicien)中得到深度分析[ELL 04]。它的作用被批判性评价，既有优点也有缺点，解释了如何控制它作为可持续经济的一部分的疑问。这一问题经常被提出研讨，例如在《技术的重大错觉》(La grande illusion de la technique)中[NEI 06]。

从全球视野更大范围来说，在一个有限世界里的无限发展问题，也关系到世界范围的人口增长，已成为反复提及的经常性话题，就像1970年后罗马俱乐部提出的报告所强调的那样[MEA 72]。

在碳材料和能源的交互属性的整个概念里，碳不仅是宇宙的一个经历者和地球生物物种所必须的一个原子，也是人类活动的一个标志。化石资源的开采利用，特别是它们进一步的开发利用，是我们已经在这本书中阐释的一个例证。自从工业革命以来，它是作为一次能源被大量使用的，然而作为新材料，在新世纪要找到一个可靠的替代品以防止这个自然资源的枯竭。

## 参 考 文 献

[BEN 09] B. BENSAUDE-VINCENT, Les vertiges de la technoscience, façonner lemonde atome par atome, La Découverte, Paris 2009.

[DER 75] J. DE ROSNAY, Le macroscope, vers une vision globale, Le Seuil, Paris1975.

[ELL 04] J. ELLUL, Le système technicien, Cherche-Midi, Paris, 2004.

[IFP 10] IFP ENERGIES NOUVELLES, available online at: http://www. ifpenergiesnouvelles. com/, 2012.

[JAN 12] J-M. JANCOVICI, available online at: http: //www. manicore. com/anglais/index. shtml, August, 2011.

[KUM 11] R. KUMMEL, The Second Law of Economics: Energy, Entropy and theOrigins of Wealth, Springer, New York, 2011.

[LEG 92] A. LEGENDRE, Le matériau carbone, des céramiques noires aux fibres decarbone, Eyrolles, Paris, 1992.

[MAL 11] J-P. MALRIEU, La science gouvernée, Librairie ombres blanches, Toulouse, 2011.

[MAR 08] J-M. MARTIN-AMOUROUX, Charbon, les métamorphoses d'une industrie: la nouvelle géopolitique du XXI ème siècle, Technip, Paris, 2008.

[MEA 72] D. L. MEADOWS, The Limits to Growth, University books, New York andEarth Island Ltd, London, 1972.

[MUR 11] N. MUROFUSHI, Tokai Carbon corporation, report, Tanso, no. 248, pp. 105 – 111, 2011.

[NEI 06] J. NEIRYNCK, La grande illusion de la technique, Jouvence, Paris, 2006.

[PAR 10] A PARIENTY, Alternatives économiques, special issue, vol. 46, November, 2010.

[STE 12] P. STEPHAN, How Economics shapes Science, Harvard University Press, MA, 2012.

[VIT 11] J. VITERBO, La Recherche, special issue, vol. 457, pp. 83–89, 2011.